凤凰空间·天津 编

寻找地景——地域性文化景观设计实践

REGIONAL CULTURE LANDSCAPE

江苏凤凰科学技术出版社

目录

综述

寻找地景：试探物质与文化之间的土地景况

In Search of Landscape : Explore the Condition of the Ground between Material and Culture

苏孟宗

生活中偶尔会看到“景观步道”“景观阳台”这样的告示牌。对照告示牌周围的实际环境，告示牌的字里行间对于“景观”二字所抱持的美好想象，时常不禁令人露出会心的微笑。在日常语言中，景观似乎并不是平凡环境的一部分，而是带有一份特殊的光环。然而在看到不动产市场中对于公寓、住宅大楼和景观宅这类的等级区分，或是在整版房屋销售广告中大方出现“景观 = 价值”这样字眼的时候，先前会心的微笑却变成苦笑了。当然，景观越过设计学院的围墙并不是坏事，发生在市场经济中可以为设计专业的人提供工作机会，更重要的是它同时也成为跨领域研究的“交通枢纽”。如人类学中的物质文化（Material Culture）和地理学中的地景研究（Landscape Studies）等研究方向，都成为建筑、艺术、环境、文学、社会学等分散领域的整合力量。除了小区营造和行动主义之外，近来政策和研究中对于文化景观（Cultural Landscape）的关注，也成为串联“象牙塔”围墙内外的重要利器。然而对景观专业内部的系统性讨论（评论和历史）却尚未成为普遍风气。文化景观和景观设计两者的论述和教育方式，也仍然存在着清楚可见的隔阂。

我们看到景观建筑（Landscape Architecture）这门专业在美国首先成立后的一百多年间扩散到世界各处，成为规划、使用和保护环境的重要领域。景观相关科系在许多院校中成为独立科系，社会大众的环境意识增强了，对于地景的关怀扩大了，专业人士中的“关键性少数”（Critical Mass）也悄然形成。然而，景观建筑这个行业也面临许多挑战。除了实务界的盈亏明显随着经济起伏而受影响之外，所谓的“景观师”的职业范围仍然模糊：即使在有景观建筑师证照制度的国家中，也难以界定不同环境专业的管辖范围。学术研究和设计课程的整合不容易，实践中也较难摆脱短期效益的模式。在今天新自由主义经济和全球气候变迁的夹击之下，我们不断承受贫富差距的加剧和司空见惯的天灾所造成的双重焦虑，也不禁令人怀疑所谓的人类文明正把世界带往何方。在诸多复杂且急迫的问题中，适逢《寻找地景——地域性文化景观设计实践》的出版，笔者很粗略地从两个方向出发，即由下而上的文化地景以及由上而下的地景文化，借此园地提出几点个人的思考供读者参考。[1]

文化地景的体现
（The Embodiment of Cultural Landscape）

20年前在大学求学期间，时常见到许多学生论文都以“工商发达”作为景观相关行业受到重视的缘由，这样的观点自然有其局限性。这类的景观定义经常建立在马斯洛（Abraham Maslow）的需求层次理论上，认为人类的行为动机有先后顺序，依次为生理、安全、社交、尊重、自我实现。按照这样的观点，景观是人类解决温饱之后，行有余力才能追求的精致文化。在今天文化景观日渐受到重视的时刻，我们知道即使是工业和商业的景观，也是人类在生理、安全和社交层次的物质体现。不论是群居的组织阶层，或是趋吉避凶、追求舒适的生物本能，都是景观中的重要成分，也时常构成充满力量的文化景观。当然文化这个词和景观一样模糊，也同时有精致文化和大众文化两种可能。然而取其系统特性来看，即使是一般所谓美的景观设计，通常也都难以摆脱累世更迭的底层文化人影响。

关于何为地景（Landscape）或许众说纷纭，然而人文地理学者曼宁（D. W. Meinig）曾经对环境和地景两者进行了清楚明确的区分：“地景环绕着我们。它与环境相关，但又不完全相等。环境支持的是作为生物的我们，地景展现的是作为文化的我们。”[2]（Environment sustains us as creatures,landscape displays us as cultures.）由此看来，文化与地景几乎是同义词了，只是前者抽象不可见，后者同时关乎观念和物质。然而精致文化与大众文化的区别，不只是狭义或广义的词汇定义问题，也牵涉到本质认定的不同。景观建筑教育家与理论家凯瑟琳·哈维特（Catherine Howett）在20世纪80年代末期曾经明确批判景观专业中的视觉优位性（Visual Primacy）。她引用哲学家卡尔森（Allen Carlson）讨论土地伦理的观点，以“风景模式”（Landscape Mode）对自然环境进行评估，就好比将自然环境视为平面风景画，这幅画又进一步“被分割成一幕一幕，或是一块一块的景（Scenery），让观赏者从特定点观看，观赏者与环境之间被适当的空间距离（以及情绪距离）隔开。”[3] 环境学者艾文顿也认为：“询问观赏者哪种景观比较美，其实是在问，哪种景观属于文化传统所定义的美的类型。”[4] 这些风景的文化观念，在我们成长过程中通过各种海报、月历、明信片乃至于计算机屏幕的桌面，潜移默化地影响我们的审美判断。无论我们如何追求创新，那个文化所定义的风景框架还是存在我们的内心。更精确一点来说，多数人并没有察觉，今日成为统计学中的“美质”和“偏好”仍然无法摆脱18世纪英国文人眼中的秀美、崇高和如画式（Beautiful, Sublime, Picturesque）三种风景美学原型。[5]

20世纪60年代的社会运动风起云涌，连带让美学遭受社会学和生态意识的质疑。从风土建筑和人文景观出发的文化地景论述，正是从底层文化出发进而关注地方特质，其中也隐含道德的诉求。比如创立《地景杂志》（Landscape Magazine）并长期担任编辑的杰克逊（J. B. Jackson），从个人身边的环境去体察美国传统聚落和现代城市，以及技术、文化和居民生活如何和环境产生互动。除了对文化的关心之外，从地理学同时也是一种实证的科学角度，拒绝了先入为主的先验理论，而从感官所得的信息来取得分析数据，从而进行演绎或归纳的理性分析。人文或实质地理学意义中的地景研究（Landscape Studies），都是从田野（The Field）出发，关心的不是地标或“亮点”，而是土地的联结组织；不是旅程的终点，而是行经的路途；不是个人的特例，而是集体的常态。这里的难题在于文化和地景这些概念的模糊本质。地理学者路易斯（Peirce Lewis）探讨人类如何“阅读地景”的时候，便曾经提出“地景模糊”的公理（The Axiom of Landscape Obscurity），这个模糊性又关联到另一项公理：文化的整体性和地景的平等特质 （The Axiom of Cultural Unity and Landscape Equality）。他进一步解释道：“人类地景中几乎每件物品都可以是文化的线索，所以每件物品都具有同等的重要性。”根据这个平等特质，他提出以下三点：

a. 如果某件物品很独特，它或许并不具有太多意义，要不就是它的创造者既有钱又疯狂。

b. 不要太快断定某件物品的独特性。

c. 虽然所有的物品都同等重要，但这不代表对它们的研究和理解也很容易。[6]

这样的文化地景论述，取的是大众文化的意义，带有反美学的态度——所谓“世人皆曰美之为美，斯恶矣”——也使它容易和社会史联系在一起。事实上现代都市形成的历史轨迹中，公园绿地的存在和房地产的投机炒作（Boosterism） 原本就密不可分，其中也包含成文和不成文的阶级隔离意义。“精英文化”意义中的景观不仅成为装点生活环境的额外奢侈品， 更因为资本的累积而成为一种对奇观的追寻。左翼学者米歇尔（W. J. T. Mitchell）便曾经批判如此的风景意识形态：

我们知道自从John Ruskin的年代开始，风景作为一种美学的对象，从来就不是自我满足或不受打扰的沉思的场所；相反地，它必然是历史、政治和美学对于写在土地上的暴力和罪恶的警醒焦点，经由凝视的眼睛而投射在外。我们知道，从J. M. W. Turner或者John Milton的时代开始，这只邪恶眼睛的暴力就与帝国主义和国族主义紧紧相连。我们现在知道的是，风景自身就是遮掩和自然化（Naturalize）这些罪恶的介质。[7]

如此的控诉对照今日不平均的财富分配更令人触目惊心：2012年的“赋税正义网络报告”指出，世界上最富有的前5%的人口坐拥了全球财富的半数以上，这样的比例是20世纪20年代以来的最高峰。[8]“可负担住宅”（Affordable Housing）运动中扮演重要角色的Design Corps负责人贝尔（Bryan Bell）曾经提到，从设计学院毕业后的建筑师服务的对象只占了美国人口中的2%，其他都是经由建筑商（Builders）按照既定的住屋样式所建成。[9] 这也呼应了建筑理论学者奥克曼（Joan Oackman）的呼吁，她认为大多数人在生活中所接触的未经设计过的建筑其实是“主要（多数）建筑”（Major Architecture），而学院派建筑师经手的设计则应称为“次要（少数）建筑”（Minor Architecture）。人类觉得自己是特殊的，但其实我们都只是自然的一部分。

事实上建筑史家俄普顿（Dell Upton）于20年前的《建筑史或地景史》一文中就曾经指出，建筑史和地景史并不是两个不同的领域，而是面对环境时两种不同的态度。当时同样任教于加州大学伯克利分校的考思托夫（Spiro Kostof）曾以仪俗和情境（Ritual and Setting）来界定建筑史。[10] 俄普顿进一步提议以地景史的系统性视野来取代建筑史以对象为主的取向。在他看来这不是从单选题变成多选题的包容性问题，而是牵涉到建筑本质的不同认知。在现代社会的专业形成过程中，历史和品位成为设计师的武器，他们也希望借由科学知识的普遍性来超越地方工匠。在这种形势下，历史成为工匠设计手册（Pattern Books）中必读但是片段不全的篇章。长期下来，所谓建筑史的正当材料，也就经由设计师而不是史学家来定义，地方知识和工匠传统进而受到贬抑。也因如此，即使是对所谓乡土建筑（Vernacular Architecture）或非西方建筑（Non-Western）的研究，依赖的也是类似的视觉标准，也有自己的一套受欢迎的纪念性建筑系谱，比如美洲西南方的陶城帕布罗（Taos Pueblo）原住民土砖住屋群或弗吉尼亚州的培根城堡（Bacon's Castle）。俄普顿认为，更细致的地景史必须超越“作者/作品”这样的主客关系所形塑的大师论述，进而超越设计师的企图，让观赏者和使用者来界定建筑或地方的意义。也就是说，设计师对于设计中的社会现象或是感官联想能够控制的部分其实不多，地景会以不预期的方式回应我们。因此他表示：“建筑中大部分的重要意义，都是不经意产生的。”（Most of what is important about architecture is unintended.）当我们体认到文脉（Context）的重要性并不亚于作品（Text）本身之后，也就打开了整个文化地景的“潘多拉的盒子”。人类的建筑故事不再是作者和对象之间的故事，当中也包含了人类的行动和仪式 。因此俄普顿对于文化地景下的操作性定义为：“地景中的所有居民在建构和诠释的过程中，所使用的是实体结构和想象结构的融合。”[11]

地景文化的物质诠释（Interpreting the Materiality of Landscape Culture）

注重文脉更甚于作品，是否必然限制设计的思考和创新？在当代多样的设计文化中，这里提出的“基地的阅读与诠释”可以作为操作思考的一种可能。因为前述奥克曼倒置了我们一般习惯认知中的主要建筑和次要建筑，她在整理二次大战后25年间的建筑设计文集时，以“建筑文化”而不是以“建筑理论”作为书名。[12] 借用这个说法，我们在对景观设计的讨论日渐频繁之后，是否也有可能形成地景文化，同时试探景观设计美学的可能性？我回避一般常用的理论（Theory）一词，因为它源自“观看”（Theoria）这个希腊字源。前述哈维特所质疑的视觉支配性，追根究底就是人类对于理性价值的深信不疑，以及连带对于不能证实的事物心存怀疑。苏格拉底把园艺和文学一同驳斥为无益的消遣，在他的门徒柏拉图眼中，诗人也只能追逐世间表象阴影，在哲学家称王的理想国中并没有一席之地。然而设计毕竟也是物质的体现，人类各种把玩物品并不必然丧失志气，有时也能成为生活中必需的情趣。[13] 比起文字和图画，物质环境更能够清楚传达各种观念和体验。各地的历史庭园在建构戏剧场景的过程中传达了人类的思辨和道德价值，以及古典史诗和神话的典故内容。而诗学中的象征和隐喻、科学知识中的生态、地形学、艺术中的抽象和色彩，都成为庭园和风景的成分，也是我们观看时习惯寻找的东西。

现代艺术和现代建筑曾经具有深刻的批判和反叛精神，最终却仍然无法脱离实证理性的误用。19世纪的巴黎诗人波特莱尔曾经给现代艺术下过最犀利的定义：“对现代生活最批判的人，最需要现代主义，因为它显现了我们从哪里来，以及我们如何改变我们周遭的环境以及改变我们自己。”[14] 艺术和建筑中的现代运动，以一种偶像破坏者的姿态睥睨20世纪。从最初少数欧洲艺术家的边缘抵抗姿态，到市场化的作品价格炒作，乃至于进入学校成为学院派的论述。现代建筑的倡议者如格罗皮乌斯（Walter Gropius）、佩夫斯纳（Nikolaus Pevsner）等人选择凸显的是去除装饰和历史的清教徒式的理性美学。如今教育过程中注重基本造型而非古典柱式、基地分析多于渲染表现、空间计划多于比例构图、评图制度而非沙龙展示等，都是现代主义的遗绪。 根据艺术断代的演进故事，设计师习惯从现代艺术中的众多流派和现代建筑的空间感中来源撷取灵感，让设计更加“诚实”，同时也更加理性、实用、合理，乃至于20世纪60年代以后的极简主义（Minimalism）和观念艺术（Conceptual Arts）的精简语汇也融合在景观设计的语汇中。然而现代建筑（以及某种程度上，现代景观建筑）承袭了柏拉图的理性思维，习惯从远处观赏隔离后的自然，进而把身旁的基地当作空白的画布以供设计师摆弄布置。以我们面对基地的态度来说，不少现代主义的景观设计观，如建筑学者伯恩斯（Carol Burns）所批判的“理清基地”（Cleared Site）所代表的意识形态：

理清的基地只会以确切的状况存在。它是一个梦幻、诗意或神秘的角色，也是人类为了征服空间和时间而创作的虚构故事。理清基地的观念假定我们可以捕捉时间、谴责实体性，试图拒绝它在人类构筑的起源。它利用一种遮掩的企图，试图把自己从人类状况中移除。[15]

“理清基地”体现的是自给自足的美学，也是放诸四海皆准、永恒的、去除时间的理想。相对于此，伯恩斯主张土地的关切必须回归基地本身，不仅是工具性的“敷地计划”。类似于俄普顿的观点，她提醒我们文脉即是地景。在她的定义中，文脉（Context）和环境相似，两者都关系到尺度（Scale），因此地方文脉的特殊性可能与广大的区域文脉相互冲突。文脉的内容也是相对的：“有人可能认为营建材料重要，另一些人认为构件和材质的关系很重要，公务员可能只会关心分区、体量和退缩的规范。”[16] 在伯恩斯看来，文脉不应该只是设计的限制因子，或是设计中必须被动反映的内容，文脉也可以是主体，甚至作为设计的生产者。这样的观点也是她所谓的“构筑的基地”（Constructed Site）。她选择了“构筑”这个词汇来同时包括人类和自然的营力，以此回避“人工”和“自然”的二分法。然而这样的说法还有更深刻的意义，因为它强调的不是将基地作为机能容器的工具性思考，而是基地上伸手可触的感官特质。也因如此：

“构筑的基地”和“理清的基地”在观念上是相反的。它强调土地和建筑的可见的物质性、形态学的特质和既存状况。“构筑的基地”这个观念把土地的自然形式和建筑的构筑形式联结在一起，同时暗示了如此观念之下的建筑必须从实体的角度来理解——明显的物质过程形塑了建筑和环境。[17]

这里的构筑者不只是人类，同时也包括了自然界的力量， 因为不论人工或自然所造成的改变都带有营造的性质，造成改变的这些力量也都是环境中的“施为者”（Agent）。当我们的焦点不再是人工或自然的标签之后，我们便能开始思考两者之间的整合，进而关切施为者（Agent）和过程（Processes）之间的相互关系，借由这些改变的力量来思考未来的可能性。由于“构筑基地”重视每个基地的独特性，我们认识到世上没有基地是完全中立的，就像世上没有所谓完全客观的价值中立这件事一样；每个基地都是一个政治事件，和我们每个人一样，也都有他自身的状况和特性。

把景观设计视为政治事件也承袭了现代艺术的批判观点。这样的政治性在过去半个世纪以来美国设计界对于奥姆斯德（Frederick Law Olmsted）的重新理解中更加清晰。现代景观建筑和现代建筑类似，有自己的大师系谱。现代景观建筑的起点不同于多数建筑师面对自然时保持的疏离态度，其主要论述者倡议的是“众人的花园”和“生活的地景”。[18] 然而另一方面，他们对于“众人”（The People）的定义仍然略显笼统，在战后年代的实验氛围中，也不易脱离理性思维对自然的疏离感。20世纪60年代末期，艺术家亟欲挑战绘画和雕塑的物体性的时候，从事概念艺术和地景艺术的史密森（Robert Smithson）才帮助设计师重新定义了景观建筑的源头。1973年纽约举办中央公园成立100周年的回顾展，在展出的历史地图、施工照片和报告文件中，史密森在奥姆斯德身上看到了“美国第一位地景艺术家”（Earthwork Artist），也发现他们共同关切的不只是基地上无中生有地创造出来的独特风景，而是基地本身的质地和纹理。[19] 比如奥姆斯德在布鲁克林展望公园（Prospect Park）的报告中说道：

经验告诉我们，某些景致在城市公园内最令人满意，这些景致需要元素的深广累积（Extensive Aggregation）。这样的累积，以及随之而来想要借由它们产生的印象，必须经由另外两项考虑加以限制：趣味的多样性，以及让所有景致都能够借由沟通而让公众满意的目标。该艺术目标，还会受限于土壤和日照的状况，以及岩石和水泉的限制。这些限制要如何克服，例如经由爆破、排水、整地、屏蔽、施肥以及其他过程——每一项都必须经过特殊研究，而规划的艺术目标必须在每个部分都受到研究结论的影响。[20]

爆破、排水、整地、屏蔽（Blasting, Draining, Grading, Screening），奥姆斯德眼中的地景不是名词，而是动词。在他眼中，位处现代纽约都市中的中央公园，为了实现如画式的林地和秀美的开放草原，必须具有长4千米、宽1千米的深度，还需要382万立方米的挖填方工程、种植500万株树木，同时铺设100千米长的排水管线、80千米长的人行步道、7千米长的马车道和四条穿越基地的都市道路。奥姆斯德将风景范型转移到都市的同时，不曾失却的是尺度的重要性，也就是以广大深远的空间与人类渺小的身体形成对比，再借由车道和步道系统来串联身体移动中的流畅风景体验。建筑师文丘里（Robert Venturi）于1966年写的《建筑的复杂性与矛盾性》开启了古典与现代、室内与室外、文本与文脉等诸多价值与现象之间的相互辩证关系。景观建筑师直到近十多年才开始理解史密森在1973年撰写的短文《奥姆斯德的辩证地景》（The Dialectical Landscape of Frederick Law Olmsted）的重要性，以及打开风景论述中所包含的城镇与乡村、崇高和秀美、创造和毁坏、艺术与自然等二元对立之后可能产生的对话。[21] 史密森在阅读中央公园和奥姆思德著作的过程中认识到，风景美学需要土地结构的支撑，土地结构则需要风景美学的灵秀点化。他也让我们了解到属于"如画式"美学（Picturesque）的创造共生与破坏互灭的互动过程，以及物种和物种之间，物种和土地之间千思万缕的关系如何开展。"关系千万重"不仅是生态学的基本问题，也是景观建筑这门既古老又新兴行业关注的重点。因此史密森本人的地景艺术（如1970年的《螺旋状防波堤》）很难称得上是美丽，也不会太好看，因为他企图揭开光鲜布景背后不可见的历程（Processes），也重新定义了"风景"。前述的伯恩斯和史密森对基地的重新检讨，企图超越理性空间机能的工具性思维，同时重视系统（System）、历程（Process）和文脉（Context），也影响了新一代景观建筑师对于土地的思考。[22]

田野中的行动（Playing in the Field）

"你不是这里的人吧？你的行为如此仓促。"贾斯汀和赛弗里德主演的电影《时间规划局》（In Time）中，科技进步使得人类不再老化，然而贫富的差距仍然存在。只是每个人的财富并不是由金钱来定义，而是由手腕上的装置所记录的时间多寡来决定。富豪得以长生不老，穷人则随时担心性命终结。出身贫穷的主人翁某日得到一笔意外之财，却不改匆忙的行为习惯。铭刻于身体行为中的阶级信息，让富豪世家的女主角一眼就看穿。从"习惯"出发的日常生活理论——如杜威的情境学习法（Situation Learning）或二次大战后法国的情境主义（Situationism）——也认为艺术经验和社会息息相关。杜威甚至认为一旦我们缺乏这分"田野意识"，将导致一种机械性、无生命、只重结果而忽视过程的社会：

> 我们和他人的契约关系中，绝大多数是都是外在而机械性的。这些契约的发生存在于田野（场所）中，由法律单位和政治机关所界定并维持的田野。但是这个田野的意识并没有进入到我们的集体行动中，使它成为整合和控制的力量　各方都有互动，但是多半是外在而局部的，我们获得了结果，但是却无法把它们融入成为体验。[23]

要给好的艺术或设计作品贴上左翼或右翼的标签是危险的，因为它们本身经常是多元而有歧义的。然而自从柏林墙倒塌、苏联解体之后，冷战结束的欢庆氛围掩盖了左翼的批判性力量，新自由主义经济的自由市场神话也让设计规划专业进退失据，或是随着市场的起伏而随波逐流，或是迷失在公部门的繁文缛节中。对比之下，此文以简短的偏见来回顾过去半个世纪以来的地景研究和设计论述，其中的论者都试图以物质的设计或规划作为有意识的文化实践。文化地景和地景文化，前者从民族志和地方志出发，后者来自设计美学进行的讨论；两者的取向和目的或许不同，但是都希望从模糊的整体中寻求思想、物质和行动的相互影响，同时形成新的社会与环境之间的关系。关于模糊、流动、变异的地景，已有诸多讨论，当代设计理论喜欢使用德勒兹的"地下块茎"（Rhizome）等后结构主义理论来验证一种"去层级化"（Non-hierarchical）的组织观念，"都市地景主义"（Landscape Urbanism）或"参数式设计"（Parametric Design）都是值得深入探索的课题。时下政策和理论中对于基础设施本身的着墨，不再将地景视为装饰用的额外奢侈品，而是"基础设施"（或曰绿色基盘）的观点改变，也有机会成为私人利益和公共领域、人类和自然等多方的联结点。地景的创造可以是一种体验的美感，同时也可以是社会体制和设计过程，其来源则是多元开放的生活体验和想象。

然而许多设计追逐奇观和视觉焦点的欲望，却时常成为规避地方文脉与历史意义的糖衣。形式上的流动感，未必等同社会或生态的流动性；不少设计流于琐碎片段，因而缺乏和基地或土地之间的联结。我们一方面需要更深入的设计思考和更具挑战性的探索，另一方面也期望能促成设计文化的“白话文运动”。这个“共同语言之梦”或许显得有点奢侈，然而远离“通天塔”之后所产生的对话和交流，才有助于我们日常生活的环境体验。和地景本身的开放性一样，这里也只能以开放性的提问来权充尾声。我们的设计过程如何从视像转换到叙事——由设计者和游访者所共同述说的故事？设计师是否有足够的社会意识，也能将它融入形式和空间的操作中？创意是否必须来自个人才好？集体的地景塑造是否可能？在努力维持业务营运的同时，我们如何重新想象公共性和公共领域的可能性？对于基础设施、对于城市和地景中可见和不可见的形塑历程，货币、物种、能量的流动和交换，我们的努力是否足以生成新的地景文化？

---

1 “地景”和“景观”经常交互使用，加上旧有“风景”一词的存在，这些词汇因为语境不同而产生不同的意义。这个现象并非本书讨论的重点，但为了讨论方便起见，它们在书中出现的时候皆可视为Landscape的中译。

2 D. W. Meinig, "Introduction," in The Interpretation of Ordinary Landscapes, ed. D. W. Meinig（New York: Oxford University Press, 1979）, 3.

3 Allen Carlson, "Appreciation and the Natural Environment," Journal of Aesthetics and Art Criticism 37, no. 3（Spring 1979）: 270.引自 Catherine Howett, "Systems, Signs, Sensibilities: Sources for a New Landscape," Landscape Journal 6, no. 1（Spring 1987）: 4. 卡尔森的观点亦见 Allen Carlson, Nature and Landscape: An Introduction to Environmental Aesthetics（New York: Columbia University Press, 2008）. 这里指出的无疑是以英文世界为主的风景观念。关于跨文化的风景观念议题，由于过于庞大，本文不得不回避，但是关注者可以阅读冯仕达（Stanislaus Fung）的诸多论文。

4 Neil Evernden. “The Ambiguous Landscape,” Geographical Review 71, no. 2（April 1981）: 151. 引自Howett, “Systems, Signs, Sensibilities: Sources for a New Landscape,” 4. 艾文顿的观点亦见 Neil Evernden, The Social Creation of Nature（Baltimore, Md.: John Hopkins University of Press, 1992）.

5 John Dixon Hunt, Gardens and the Picturesque: Studies in the History of Landscape Architecture（Cambridge, Mass.: The MIT Press, 1992）.

6 Peirce Lewis, "Axioms for Reading the Landscape," in The Interpretation of Ordinary Landscapes, ed. D. W. Meinig.（New York: Oxford University Press, 1979）, 19.

7 W. J. T. Mitchell, “Introduction,” in W. J. T. Mitchell ed., Landscape and Power, 2nd ed.（Chicago: University of Chicago Press, 2002）. 引自 James Corner, "Introduction: Recovering Landscape as a Critical Cultural Practice," in Recovering Landscape: Essays in Contemporary Landscape Architecture, ed. James Corner.（New York: Princeton Architectural Press）, 11.

8 Tax Justice Network, “The Price of Offshore Revisited,” July, 2012. http://www.taxjustice.net/cms/upload/pdf/Price_of_Offshore_Revisited_120722.pdf

9 Bryan Bell, Good Deeds, Good Design: Community Service through Architecture（New York: Princeton Architectural Press, 2004）.

10 Spiro Kostopf, A History of Architecture: Rituals and Settings（New York: Oxford University Press, 1985）.

11 Dell Upton, "Architectural History of Landscape History," Journal or Architectural Education（August 1991）: 195-199. 俄普顿关于风土建筑研究的最近观点，亦见于 Dell Upton, “The VAF at 25: What Now?” Perspectives in Vernacular Architecture 13 no.2 2006/2007, 7-13.

12 Joan Oackman, Architecture Culture 1943 - 1968: a Documentary Anthology（New York: Rizzoli, 1996）.

13 Robert Pogue Harrison, Gardens: An Essay on the Human Condition（Chicago: The University of Chicago Press, 2008）.

14 Marshall Berman, All That Is Solid Melts into Air: the Experience of Modernity,（New York: Simon and Schuster, 1982）: 128.

15 Carol Burns, “On Site: Architectural Preoccupations,” in Drawing Building Text, ed. Andrea Kahn.（New York: Princeton Architectural Press, 1991）: 153.

16 Carol Burns, "On Site: Architectural Preoccupations," 158.

17 Carol Burns, "On Site: Architectural Preoccupations," 153.

18 “Gardens Are For People”和“Landscape for Living”正好是彻吉（Thomas Church）和艾克伯（Garrett Eckbo）两位现代景观建筑师的立论之作。详见 Thomas Church, Gardens Are For People: How to Plan for Outdoor Living（New York: Reinhold Publishing Corporation, 1955）; Garrett Eckbo, Landscape for Living（New York: Duell, Sloan, & Pearce, 1950）.

19 Robert Smithson, “Frederick Law Olmsted and the Dialectical Landscape,” in The Writings of Robert Smithson, eds. Nancy Holt.（New York: New York University Press, 1979）.

20 Olmsted, Vaux & Co., "Preliminary Report to the Commissioners for Laying out a Park in a Brooklyn, New York: Being a Consideration of Site and Other Conditions Affecting the Design of Public Pleasure Ground," 1866, reprinted in The Papers of Frederick Law Olmsted Supplementary Series（Volume 1）: Writings on Public Parks, Parkways, and Park Systems, eds. Charles E. Beveridge and Carolyn F. Hoffman.（Baltimore: Johns Hopkins University Press, 1997）, 90.

21 Robert Smithson, “Frederick Law Olmsted and the Dialectical Landscape;” Robert Venturi, Complexity and Contradiction in Architecture（New York: Museum of Modern Art, 1966）.

22 关于基地阅读与诠释的较新观点，可见于伯恩斯与康恩所编辑的文集 Carol Burns and Andrea Kahn, Site Matters: Design Concepts, Histories, and Strategies（New York: Routledge, 2005）. 特别是其中Elizabeth Meyer的文章“Site Citations: The Grounds of Modern Landscape”启发笔者良多。

23 John Dewey, Art as Experience（New York: Minton, Balch & Company, 1934）, 335.

水泥丛林的动态镶嵌
——谈创意城市与暂时性景观

李柏贤

台北高架桥下的花市

城市，是迷人的，因为庞杂，也因为新旧并陈！

查尔斯·兰德里（Charles Landry）在《创意城市》一书中提到："在城市里，要发挥创意并不意味着只关心新事物，反之，你要愿意以灵活的方式，去检视并重新评估一切状况，伟大的成就往往是新旧的综合体，因此历史与创意应该相辅相成。"我们如何在城市的新旧并陈之间，创造出可以培养好奇心、想象力、创意及创新能力的软硬件环境？这样的创意学习，要怎样通过城市地景的形塑来达成呢？创意就像货币一样，必须流动，才能发挥功效。文化创意这个议题，正逐渐成为我们拥抱跨域的明日之星，相关政策资源欲借此提升城市的竞争力，面对这样的态势，站在地景建筑的立足点，我们该开哪扇门涉入其中？谈论创意城市，我们可以拥有哪套说辞？

在地景建筑领域，我们经常听到这样一种说法："地景规划设计的平面配置图，画出的是完工十年后的样子！"图面上那些表征植栽的"圆圈圈"，用比例尺考究半天的树冠大小，在实际完工后的基地里，可能仅是一根树枝外加几片叶子，要经过数年，小苗长成理想的树型之后，才会接近那张辛苦铺陈的平面配置图。更甚者，基地现况仍会继续变化，我们可以说，永远不会有跟设计平面图一模一样的实际设计作品！地景，就是这么难以捉摸，必须经受时间的考量，这是地景建筑的宿命，却也是其迷人之所在。在设计的相关领域里，地景建筑可以说是最直接面对时间的一种专业，因为我们必须处理有生命的设计元素，而且，这个时间还是有层次的，有阳光透过树梢洒落地面，随风摆动的"瞬时间"，有随着一天日升日落的"日时间"，还有四季颜色变换的"年时间"，再加上大树年年成长的"长时间"。这样的多样性，成就了地景建筑相对于建筑的暧昧不明，却也让"过程"得以反"结果"为主，成为设计关注的重点。若地景建筑不仅仅是"结果导向"的规划设计落实，而是从"事件"及"活动"的角度来观看地景的形塑，我们或许可以这样诠释：城市是由许许多多的暂时性景观（Temporary

Landscape）拼贴出来的，我们所看到的城市地景，是这些暂时性景观动态镶嵌之后的结果。而所谓的暂时性，会随着不一样的个案及事件，有着时间长短的差异，也存在对于“完工”想象的不同，顺着这样的观点，把城市地景的产生视为一个永远在进行中的“过程”，那么就不难理解人文地理学者Duncan为什么会把地景的产生诠释成是一个涉及“谁来形塑”以及“用什么逻辑诉说”的文本化行为，其中包含对于宗教、政治及社会阶级如何通过隐喻（Text Metaphor）被转译至地景里头的种种讨论。城市地景不只是我们眼睛看到的样子，在这些暂时性景观背后，存在着如同生态系统一般的运作及镶嵌机制。

森林生态学里有个“演替（Succession）”的理论，解释了森林的发展。从一块裸露地开始，阳光照射之下，喜光且生长快速的阳性先驱树种会先成长，待树冠足以形成林下遮阴时，阴性树种接着发芽，如此层层叠叠，加上藤蔓地被，复层的天然林相得以形成。遇到雷雨天，茂密的林相被烧出了一块缺口，阳光重新普照，演替又从阳性树种的冒芽开始，就这样周而复始。我们从天空鸟瞰，就会看到森林实际上是像瘌痢头一样由不同年龄的区块所组成，学术上给了这样的现象一个“动态镶嵌”的名字。如果我们说，树木是动物的家，而森林是林木丛聚的结果，那么城市就是个长满人为构造物，聚集人们的家的水泥丛林了。这个水泥森林，也与真实的森林雷同，进行着“盖房子”的演替现象。建筑大师柯布西耶曾说：“房子是居住的机器”，所以，由房子集合起来的城市，也发展出自己独特的运作机制，成就了独特的生态系统，这个随着时间推移发展的另类森林，也存在着如同森林演替一样的更新机制，除了人为的新旧交替，自然与人也并存其中！细细观察，会发现水泥夹缝中，植物们突破水泥丛林的掌控，冒出头来，如同在森林里试着违抗自然法则的人为开垦。鸽子，把水泥当岩壁，在都市里讨生活！城市，原来像太极图一样，有着诸多二元对立的镶嵌存在，这样一个包括自然与人为同时新旧杂陈的丛林，是我们在这里谈论暂时性景观的脉络背景，也是城市里“创意流动”的舞台场景。缓步张望，试着松动过往看待环境的静态观点，从“过程”的视角切入，我们其实可以在你我周遭看到一些跳脱传统思维的蛛丝马迹正在发生。顺着以上的铺陈，接着想从下列三个方面来谈谈发生在台湾蕴藏创意城市契机的暂时性景观案例。

一、演替

首先，来聊聊台北市高架桥下每到周末现身的花市。这是个典型的暂时性景观案例，而且这个暂时性景观，还是固定周期的，以一星期为变动单位。花市里临时进驻的“景观”，有来自台中的陶艺家，带着创作的器具与植栽，分享生活美学，也看得到等着在城市另寻栖地的高大乔木，景观设计公司在现场布置起庭园造景等着青睐它的客户，花艺业者摆置各式切花，忙着诠释这些花花绿绿该怎么进到你家的餐桌上。在这个车水马龙的高架桥下，上演着一场以满足台北市民生活美化需求为诉求的“景观秀”。每逢假日，人群簇拥，服膺着市场机制的运作，曲终之后，又恢复停车场的功能，提供城市另一种常态化的使用机能。待下一个周末来临，来自八方的暂时栖居者重新聚集，城市群众又将展开与自己生活对话的觅食行为。这是属于台北丛林的独特演替：花市暂时性景观的“演出”与“替换”，在这变换的过程中，生活与美学交织流动着。这样的市集形式，在台湾很常见，我们常说夜市是台湾吸引外国观光客眼球的重要资产，正视草根的特色，为它创造恰当的展演舞台，当这类美好的“暂时性”成为常态，融入城市生态的演替中，它将成为支持台北市向创意城市迈进的持续性力量。

二、脉络

在城市里谈暂时性景观，同时试图联结上“创意城市”的话题，除了形式上的植栽与公园绿地之外，我们希冀的是让绿意能够滋养城市生活的内涵，从“环境视觉”衔接上“生活识觉”，从点到线再到面地创造脉络。如何创造各个暂时性景观之间的联结度？还有，怎么在政策机制上塑造大环境，让这些暂时性景观发挥实质作用？拆除简陋废弃的建筑物，通过绿化美化让空地成为暂时性或永久性的公共开放空间，成为近年来国外城市推动都市再生时采用的环境改善方案。回看台湾，台北市存在许多因条例适用对象的条件限制而闲置的空间，短期内无法实施都市更新，这些待解决的问题，意外地让暂时性景观在台北有了挥洒空间。台北市政府为迎合2010年国际花卉博览会，提出了“台北好好看”景观改善计划，用奖励的方式，吸引土地持有者将暂时闲置的土地提供出来美化城市角落。这些因为临时性特质被定义出来的所谓“假公园”，最终还是会回归为开发商们的“销售物件”，短暂的生命，在绚烂之余，是不是可以留下些什么？好看又该怎么诠释？由台北市都市更新处委托专业团队执行的“罗斯福路绿生活轴线”计划，是个值得提出来讨论的个案。该案企图借由参与式工作坊的方式进行，结合沿线NGO团体与社区居民，提出不同途径的“台北好好看”，计划在罗斯福路沿线选择五个串联的绿点，通过讨论得出雨水再利用、生态观察、都市农园、面包窑与阅读花园等诸多空间主题，并配合主题举办相关活动，其中包含老屋拆卸的屋瓦老件再利用的议题，借此联结城市的

马祖县政府前菜园

“老”与“绿”，在“参与式”的机制下，让仍将进入都市更新程序的暂时性景观回到城市发展的脉络。在短暂过程中留存彼此对话及改变的机会，期望经过这样的过程洗礼之后，台北的城市景观可以多些可能，少点“霸权”。不可否认，这样确实可以创造出更贴近民意的景象，但我们需要思考的是，过程中创意的流动与激发及开拓出来的可能性，有没有回馈给后续的机制促使其继续运行。当景观的暂时性可以被缝合进城市地景的发展脉络里，成为政府政策及民间运作的常态，让城市建设的整体思维可以看重过程，“市民城市”或许才有可能实现的一天。

三、跨域

在生态学的原则里，物种越多样，生态就越稳定。物种彼此之间的循环联结存在着互补与竞争的关系，物质与能量互相流通，共构了实质的生态运作。在城市里“创意”要流通，少不了跨域的联结，一如自然界里的物种的交流。

近几年各大城市掀起文创风潮，顷刻间跨界联结蔚为流行，艺术、建筑、景观设计、产品设计、平面设计、服装设计、电影与文学，聚拢在各地的文创园区共办活动，也确实提振了城市的创意设计活力。跨域合作的关键目的在于通过彼此的联结，寻找各自领域的立足点，就像我们必须通过跟他人之间的交流互动来认识自己一样，整合平台之所以存在，就是为了满足这样的需求，进而构筑城市的创意基盘。从强调巷弄美学的“粉乐町”台北东区当代艺术展、由忠泰建筑文化艺术基金会规划的“明日博物馆”、台南关注古都再生的“老屋欣力”等计划，我们可以看到城市创意的愿景，通过策展、建筑、地景艺术以及设计等各领域人才组成跨界团队来完成接力赛事，以及策展的整合。这些具备展场性质的临时性装置得以提出挑战城市里诸多虚实界面及该有样态的既定观点，鹰架、铁窗、货柜、管线等表征混乱及未完成的符码被翻转诠释，让耕种重新回到水泥丛林，老物件的新用途等，往往常见于文字书写的批判力道。通过这些暂时性景观的呈现更适得其所地反映出对多元创意的想象及多样性存在的价值，城市新旧资源的重整与结构调整揭示出对未来样貌的想象，实在需要这些因为“暂时性”而允诺出来的弹性空间，让多方跨域对话成为可能。

城市因为人多庞杂，法令的限制也多，相对于城市，乡村则舒缓多了。笔者2005年接受文化主管部门委托撰写“社区自力营造”操作手册时的案例采访中，社区朋友们对于有人质疑社区里以竹子搭建的便桥每次台风一来就被冲毁，一盖再盖，是否应该采用永久性的结构架桥时，提出了另类的观点：“就是因为要一直搭，我们才可以一直有机会聚在一起讨论，激发创意，在同一个地方每次都搭不一样的桥呀。”地景因为有了暂时性，也多了可以提出更多创意的机会，在传统环境设计相关领域里，“建成”环境是常态性的探讨对象，在房地产的世界里，用“物件”指涉交易的房地产，我们亘常从“物件”及“成品”的角度思考设计。在城市里，我们总少了自己动手营造公共空间的机会，因为“暂时”，反而松动了法规的囿限，让环境营造有更多的创意可以发生，而不仅仅是传统的设计发包。城市如果是一本书，一栋栋的建筑像是“字词”，一条条的街道可以是“句子”，街坊邻里如“章节”，公园绿地是“插图”，居民的生活意义流窜在字里行间。城市的地景书写假若能够是一场创意满满的集体创作，让“暂时性”联结上对于地景动态镶嵌“过程”的重视，或许有一天，台北市政府前的广场，不仅只有人工沙滩，也可以像马祖的县府前面一样，是一片大家可以一起聊天种菜的菜园。

大型景观案

宜兰县苏澳镇内埤海岸风景区规划设计

河、驿一涧子坜水岸新驿再生计划——新势公园

草悟道——都会绿带再生——台中市观光绿园道改善工程

高雄市中都湿地公园

台北“故宫博物院”南部分院景观湖设计

鹿角溪人工湿地

万年溪流域整体整治计划

台北市客家文化主题公园暨跨堤平台广场

澎湖山水堤外生态环境再造

宜兰县苏澳镇内埤海岸风景区规划设计

日商日亚高野景观规划（股）台湾分公司

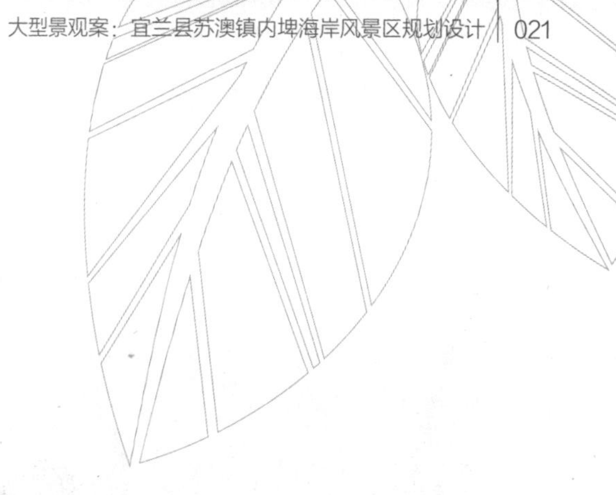

1

1 海堤上的纬度钢板

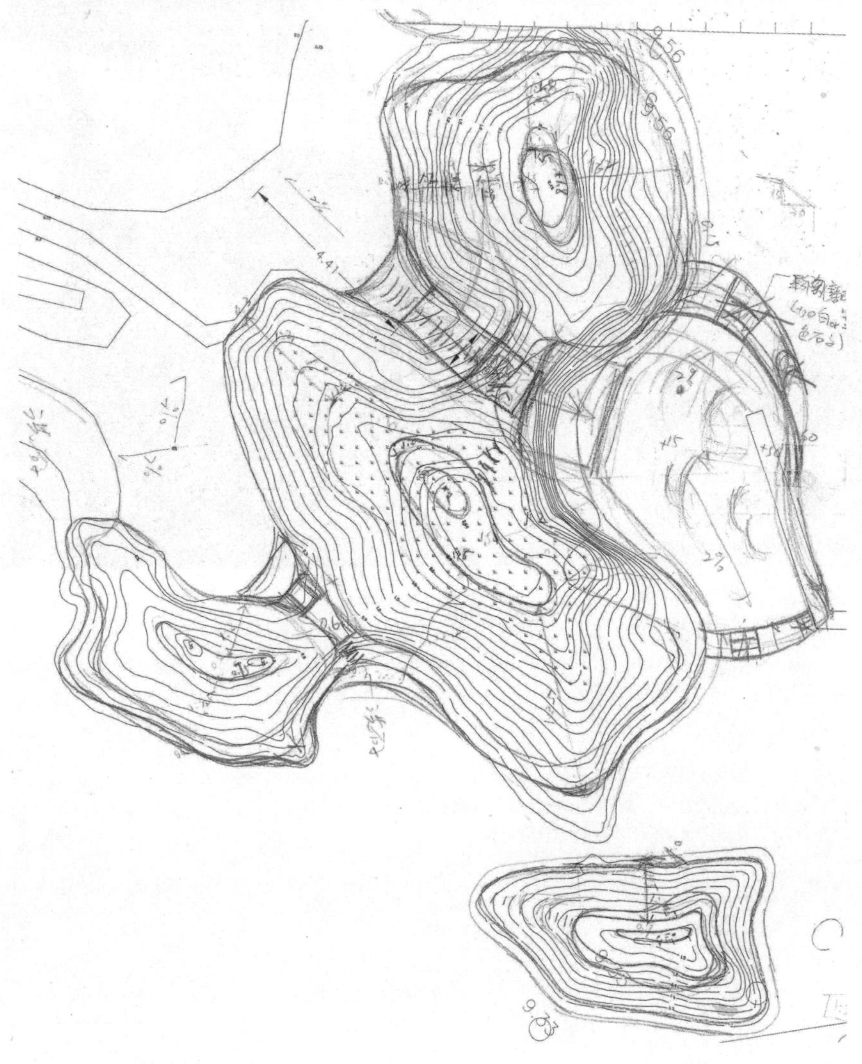

地景游戏区等高线讨论草稿

2	3	4
	5	

2 地景溜滑梯
3 儿童攀爬网
4 儿童攀爬石壁
5 地景游戏区

6 | 9 | 10
7 | 8 | 11

6　瞭望台步道（左）与海岸林绿化区步道（右）
7　临海步道
8　休憩小区
9　嵌卵石停车格
10 绿化停车场
11 庭园式停车场

12	14	
13	15	16

12 鱼形板圆形广场
13 海岸缓坡绿化
14 船艏意象平台
15 山崖意象砌石花台
16 螺旋桨叶片指示牌

地景遊戲

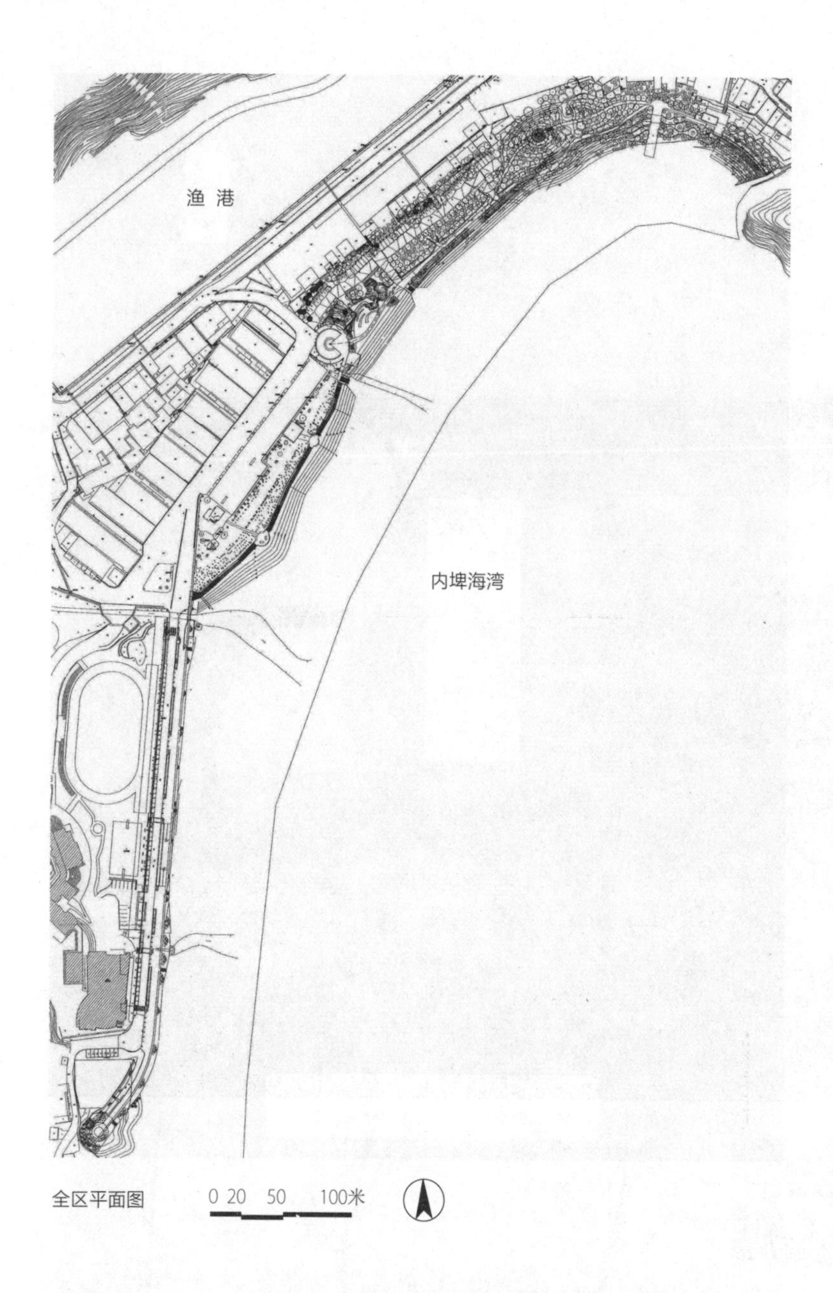

全区平面图

规划缘起

渔业一直是南方澳地区的主导产业，旅游观光产业仅是该地区的部分产业，其内有许多渔民、码头工人、鱼货加工妇女等居住在商店街后成群的住宅区中。南方澳地区的产业发展与生活品质和旅游观光的发展存在着微妙的关系，因此在考虑旅游观光的发展时，也要考虑如何提升环境品质。

基地特性及发展定位

开发仅是规划的一部分，而不是全部。整体而言，南方澳是个已开发的地区，应避免过度及不当的开发。旅游观光产业及游客人数已达到成熟阶段，相关资源该安置在开发与保护之间的哪个位置，是本规划的核心重点。

南方澳整体景观可分为三大特色区域：渔港社区、豆腐岬风景区及内埤风景区。内埤风景区的特点在于其拥有自然优美的海湾、广阔的砾石海滩、层次丰富的山峦及宽广舒适的绿地，整体自然感十足，视野开阔。在大自然面前，我们愿停下不断开拓的脚步，以退为进为自然留下余地，也给人们一片净土。因为唯有大自然的形貌与特色是独一无二的，无法用人力再造或取代，期待内埤将拥有永续的自然环境，并与人们的心灵产生共鸣。为此，发展定位归纳为以下三点：

①维护海水、沙滩的天然与纯净；
②导入“师法自然”演替的海岸绿地；
③融入周边社区活力的游憩发展。

设计重点

“呈现陆连岛山海交融之美”在于如何强化内埤所展现的自然之美与力。此次设计的目的是维护该地区的自然环境及文化，同时加以延伸、强化和转换，让人们更能感受当地环境的魅力。

空间配置丰富性

基地内，分散配置小广场、步道及停车场，创造出多样的空间利用的变化及连续性，形成活动多样化、利用密度分散化的空间格局。

复育海岸绿地

. 引进基地北边的陆连岛及南边岩石海岸的植生，复育环境生态。
. 海堤的缓斜绿化，以确保植栽基盘并创造出海岸和公园的连续性。
. 自生海岸植栽为主，多层植栽设计。

材料及匠意：自然环境特性及渔港文化

. 东海岸的陡峭岩岸、传统砌石墙，转化成设计元素。
. 利用现场材料，例如海滩砾石、山崩落石，创造出与大环境一致的整体性。

. 将原来的塑胶儿童游具和大面积的硬铺面改造成地景游戏区，浓缩陆连岛地形特色，使其具有儿童游戏和环境教育的双重功能。

. 渔夫手做的卵石鱼形板，巧妙融于入口广场处。

. 居民参与讨论及协助。

后记

设计的过程中，景观设计与居民生活习惯之间产生冲突，于是与居民多次进行讨论协调，取舍之间无所谓对或错，而在于对彼此的尊重。在此感谢当地老渔夫为我们在广场放样出与实际比例相同的豆腐鲨及其他鱼种，让我们的设计如预期完整地呈现出来。

工程结束后，周边开始出现特色民宿及咖啡轻食店，民间的观光发展协会因而发起。现在，当地居民每天来此散步、运动；傍晚，祖父母带着小孙子以及刚下课的学生，在儿童地景游戏区一同嬉戏，成了生活的一部分。假日则有很多观光游客来欣赏美丽的自然环境及感受文化特色。另外，南方澳讨海文化协会的导览人员利用公园的景观设施，给小学生带来一场自然地理与文化探索之旅。

宜兰县苏澳镇内埤海岸风景区规划设计

业　　主：宜兰县政府
地　　点：宜兰县苏澳镇南方澳渔港之内埤海湾
用　　途：海岸缓坡化、绿化，海滨公园及校园周边景观改善

景观设计

事 务 所：日商日亚高野景观规划（股）台湾分公司
主 持 人：石村敏哉
参 与 者：陈震光、曾怡瑾、小林直史、陈明芬
监　　造：陈震光、曾怡瑾、小林直史
土　　木：陈震光、曾怡瑾、小林直史、马宏麟
水　　电：陈震光、施连舫
照　　明：陈震光、曾怡瑾、小林直史
植　　栽：陈震光、陈明芬、曾怡瑾

施　　工：景峰营造、正芳营造、登亚营造、兰阳营造

材　　料

土　　木：海滩砾石、黑板岩、卵石、天然石、耐候钢、地工材料如加劲固土毯、蜂巢格网等
照　　明：高灯、步道灯、嵌灯、太阳能灯
植　　栽：地被藤蔓、灌木、树苗、成树、防风竹篱
铺　　面：黑板岩、卵石、天然石、陶粒

基地面积：1.75公顷

设计时间：2008年5月~2010年5月
施工时间：2009年1月~2011年1月

17 挡车柱
18 停车场铺面
19 停车格铺面
20 白浪步道铺面
21 临海步道铺面

6,11 摄影／黄小玲

河、驿—涧子坜水岸新驿再生计划——新势公园

经典工程顾问有限公司

1	2
3	4

1 极限运动场
2 复式多功能棚架
3 运用回收建材所建的造型植栽槽
4 趣味木刻动物，重拾自然童趣

1 翠堤桥区
2 水岸生态区
3 阳光大草坪
4 槌球运动场
5 极限运动场
6 篮球运动场
7 律动广场区

平面配置图

5 新势公园俯瞰全景
6 由翠堤桥进入公园
7 园区步道
8 钢构造型座椅
9 钢构入口意象

10	11	12	14
13			15

10 复式多功能棚架下方空间
11 复式多功能棚架上方休憩座椅
12 复式多功能棚架上方步道
13 复式多功能棚架配合地形创造出多元使用空间
14 老街溪畔水岸生态区
15 横跨老街溪的翠堤桥

开发理念

长久以来，河川对人类文明与自然生态都有着重要的意义，人们的生活与文明起源总是与水岸息息相关。如今，全球面临气候变迁，节能减碳与生态都市成为当前都市生活品质提升的方向与目标。

老街溪抓住桃园机场捷运站建设的契机，以“河、驿一涧子坜水岸新驿再生计划”作为本案母计划，期盼借此恢复老街溪的生机，并且重现流域文化，焕发都市更新的活力。在母计划中定位为“林涧生活园区”，通过老街溪与原有新势公园的结合，将能够重现舒适水岸生活，连接都市绿网，提供永续教育与展现流域的多元文化；实现为市民提供一个崭新的、结合水岸的都市绿地空间，落实永续教育与生活品质提升的目标。

本案计划目标如下：

. 营造老、中、青各年龄层都能恣意享受舒适生活的都市公园。

. 以绿意纵向与横向多元串联老街溪两岸，发挥都市绿网的生态机能。

. 重现当地文化的珍贵意义，展现对自然、土地、生命与文化的尊重。

. 创造展示水岸生态的自然教室，让孩童的永续教育向下扎根。

基地先期工程概述

桃园县主要河川老街溪，流经县内人口密集之区域，其水体水质恶化及景观的脏乱对周边居民日常生活品质造成极大的影响。为实现老街溪水质改善之愿景目标，环保局利用平镇市新势公园部分地下空间，进行全县第一座砾间接触曝气氧化自然水质净化工程。主体工程（新势公园工区）已于2012年6月29日完成覆土并移交城乡发展局进行上部景观工程施工，截流工程部分于2013年2月5日完工。新势砾间工程处理量可达30,000吨/日，可削减河川污染物BOD 420 千克/日、氨氮210 千克/日及SS 420 千克/日，主要截流处理平镇市新势、宋屋地区的生活污水，后续将视河川水质状况引入老街溪河水合并处理。处理后的干净水源部分除作为上部新势公园生态景观池水源外，其余则再回流至老街溪，除减轻老街溪因农田灌溉取水产生清水基流量不足的问题外，并可大幅改善老街溪平镇至中坜河段水体的水质。而本工程亦将配合已完成的砾间处理设施，进行后续规划设计。

规划设计

整体设计概念用自然元素的阳光、流水、微风与绿地作为主轴方向，分别以阳光大草坪、律动广场区、水岸生态区、翠堤桥区为林涧生活园区的四大分区。

1.阳光大草坪

本区以土方现地平衡为原则。跑道与大草坪间以地形高低区分，维持区内草坪下凹的特性，让观众在高处观景，较低的草坪可预备发挥治洪功能。中间大片平坦的草坪可供进行垒球运动或风筝活动使用。邻

16 艺术马赛克海龟成为游乐区的亮点
17 旧攀岩墙回收再利用改造成为孩童攀岩墙
18 薄层绿屋顶的造型公厕
19 公园已成为邻近居民、学童重要的休憩场所

近儿童游戏场区域，以地形搭配游具型塑与大自然共构的游乐空间，并依地形设置阶梯座椅，突破传统运动场形态，塑造运动、休憩、观赏空间融为一体的运动环境，并作为举办大型活动场地。

2.律动广场区

此区域包含结合篮球场、攀岩场及极限运动场功能的“活力运动场”，专属银发族的“乐活槌球区”，以植栽增加入口色彩多样性的“艺术花廊入口广场”，以及设置区块大小各异游戏空间的“亲子冒险乐园”。

3.水岸生态区

将生活污水与河水分流整治，截流水将透过砾间与生态湿地，利用自然净化，将清水导入原有河水以改善水质，以创意设计手法以及多元使用空间模式，营造融合自然教学与运动游憩的复合空间。另沿老街溪畔设置自行车道及自行车停留空间，营造可骑着自行车悠游于水与绿之间的乐活环境。

4.翠堤桥区

连接老街溪河域的左、右岸，改善既有道路的绿带植生环境，于道路切割的断裂点，设计自行车道与人行跨桥双系统的绿色路廊。

河、驿—涧子坜水岸新驿再生计划——新势公园

业　　主：桃园县政府城乡发展局
地　　点：桃园县平镇市
用　　途：公园绿地

景观设计

事 务 所：经典工程顾问有限公司
主 持 人：刘柏宏
参 与 者：谢易伶、曾慧淑、陈文祥、张瀞今、吴佑宏、杨祥豪、萧向吟、吴婷婷、黄湘予、林静芬
监　　造：陈文祥、张瀞今、张棨玮
结　　构：长浩结构技师事务所
水　　电：大汉电机技师事务所
土木、照明、植栽：经典工程顾问有限公司

施　　工：万德营造有限公司、安庆营造股份有限公司、安全营造有限公司

材　　料

土　　木：钢构桥梁、混凝土极限场、耐候钢、固化土墙、无梁板薄层绿化建筑厕所
照　　明：景观高灯、投射灯、嵌灯、LED灯
植　　栽：乔木30项、灌木地被25项、水生植物15项、假俭草、巴西地毯草、百慕达草等
铺　　面：洗露骨材、固化土、抿石子、高压混凝土砖、陶砖、花岗岩、板岩、窑烧花岗砖、整体粉光、回收废料（高压砖、溪床卵石、花岗岩）

基地面积：约5公顷

设计时间：2011年7月~2012年6月
施工时间：2012年2月~2013年2月

得奖纪录：2013台湾卓越建设奖——最佳环境文化类、环境复育保护类卓越奖

草悟道——都会绿带再生
——台中市观光绿园道改善工程

环艺工程顾问有限公司

1 2

1 在这里，每个人都可以是最有创意的主角，每个人都可以是环境中最热情参与的观众
2 设计意象

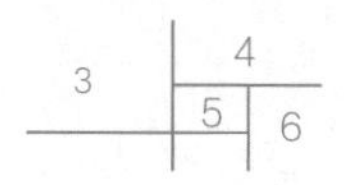

3 科艺之丘
4~6 行草之舞

7，8 阅读之森
9～11 城市舞台

草悟道自科博馆延伸至美术馆，再南止柳川，全长约3700 米，按照一般人的步行速度要走上1个多小时，园道行进的道路两旁的土地使用机能分布是多样性的，从科博馆附近的科学工艺氛围，到跨越中港路的车水马龙，再由大饭店、勤美诚品、Hotel One，以及商店林立的城市艺文商场区段，过道至台中市区内最大的绿地草原，向南是住宅集中的高品质社区、美术馆前后街廓的大型艺术雕塑森林，南端是特色餐厅艺文集结的生活街道，多个街廓具有不同的独立生活氛围。草悟道依各区段土地使用特色的不同，规划了不同样貌的地景设计，从科博馆至向上北路，分别以“行草之舞”“科艺之丘”“阅读之森”“城市舞台”“市民广场”以及“水舞青龙”命名，表达了都市环境设计营造的重点。

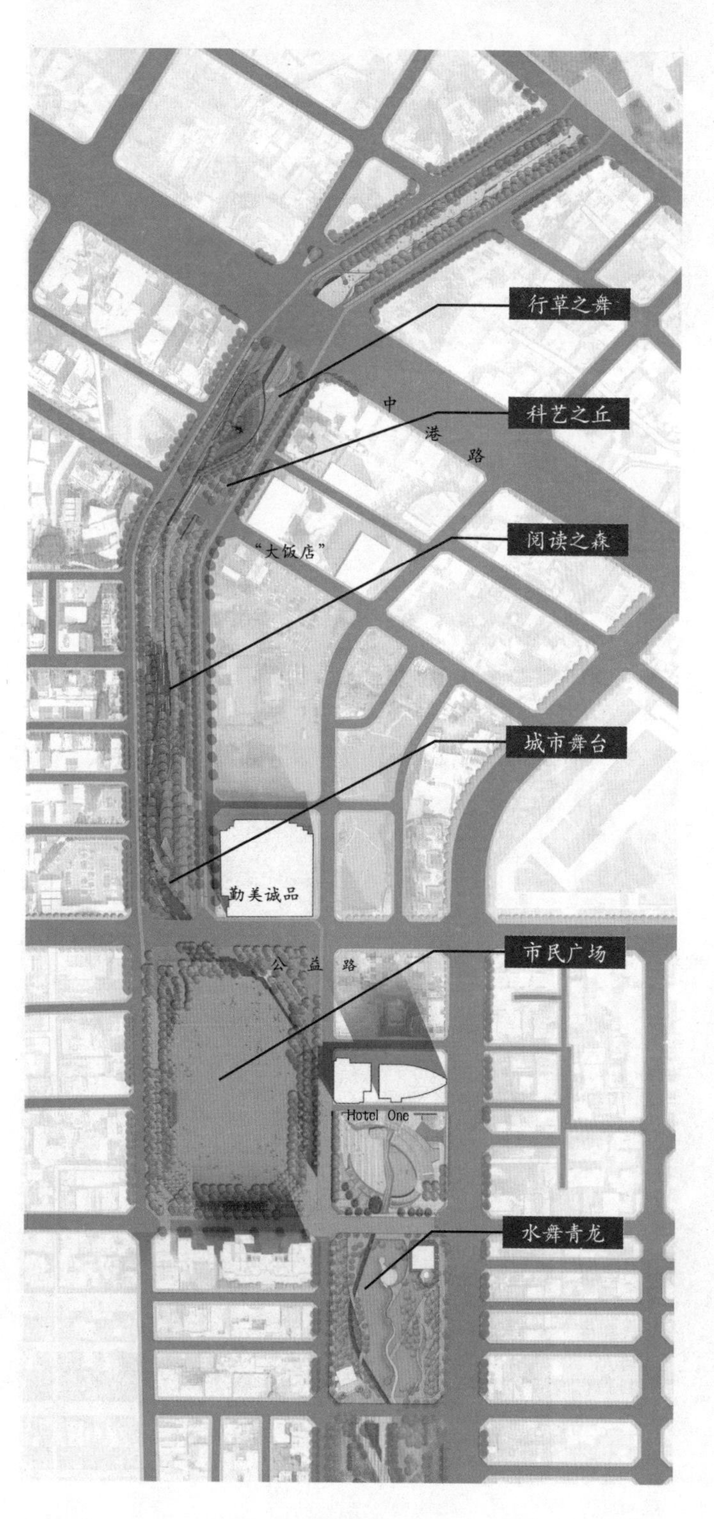

行草之舞

草悟道在以南北方向前进的过程中碰到的第一个衔接节点就是中港路。设计上采用由地而起的弧状桁架水瀑，一北一南、一左一右地以围抱广场的方式，圈围了被中港路切断的地面，飞扬似太极的图腾，意象上传达了串联空间的隐喻。形体上以内含科学工艺的腾起钢构与投影水帘，彰显台中市在时代意象上的努力前进；形面上则以书法行草如行云流水的写意自由，书写空间的流畅凝动，以及人群的川流不息。

科艺之丘

科艺之丘是水绿交织起舞的开放广场，艺术家楚戈先生的“允执厥中”，形高超过10米的艺术巨作，挺立在园道中心，象征行草运行的大笔。造型山丘让居民借着丘上坡道的起伏，体验不同高度以及视野，也适度地把丘前丘后不同的活动场域作了区隔。绿丘以西，以带状的水雾及水生植物营造浪漫的氛围，创造另一种属于都市生活的休闲绿地。大饭店前以资讯、水流、人流交汇集结的水韵广场，将草悟道的游览资讯，以动态地图的方式呈现于大众。带状的地景喷泉伴随其侧，由水生风是舒适微气候的带动泉源；空间设计的组成元素皆是由动至静的转换。

阅读之森

园道黑板树树况最好的区段，我们布置了大量的座椅。座椅由地而起，写意地穿梭在绿与绿中间，让身游其境的人享受森林下不同的温暖。这里是最浪漫的阅读角落，也是最好的小型展演空间。夜里，在座椅下隐藏的LED线灯，像一群飘浮前进的小光束，指引着游人行进的方向，为阅读之森画上了凝动的音符。

城市舞台

园道公益路附近，勤美诚品前的广场设计了一片长达100米、宽达20米的铁木平台，其中规划有户外吧台，是当代时尚的意念象征，街舞、爵士音乐、社团活动、街头艺人都自发地在此集结，这里就是城市舞台，每个人都可以成为舞台上最有创意的主角，每个人都可以是环境中最热情参与的观众。大片的木作平台，视觉上带有休闲的感觉，并散发出温暖的质感。

12 | 13

12 水舞青龙
13 市民广场

市民广场

草悟道由北端的科博馆，流畅地行走了1000米后，到此做了一个如同书法运笔的抑顿转折，空间扩大了，行为也改变了。设计上运用了像笔刷轻起、纸墨交织的刷痕，草坪与铺石轻松地呈条纹状交会，再运用顿笔积墨的力道，在四方的草原边与角，隆起了草坡与梯阶，成了可坐、可卧、可以观赏的座席。也因为座席安排的方式与位置各有不同，大草坪有了局部的领域，令活动的多样性展现得更加淋漓尽致。

水舞青龙

Hotel One 以南，住家区域的氛围加重，居中为蜿蜒的龙形水道。改善的重点，即在于减少过多的铺面，减少过度人工的痕迹。"龙形水景"一边将外缘步道增高与水道缘石齐平，使步道宽幅加宽；另一边则以碎石覆盖成坡面，上接草坡与绿树灌丛，碎石间装置有喷雾系统。我们营造了一处新的生物栖地，也让安静的绿地因坡面产生丰富的变化趣味。福德祠周边也根据实际的需求，规划了新的木栈平台，方便邻里信众，彰显当地文化的多样性。

草悟道——都会绿带再生——台中市观光绿园道改善工程

业　　主：台中市政府
地　　点：台中市北起科博路南迄向上北路
用　　途：都市绿带公园

景观设计

事 务 所：环艺工程顾问有限公司
主 持 人：潘一如
参 与 者：郑淳煜、林桂妃、周建华、许莎莉、王汎盟、AECOM胡琮净
监　　造：吕钦文建筑师、陈金标

施　　工：钦成营造股份有限公司

基地面积：76,000平方米

设计时间：2010年2月~2010年10月
施工时间：2011年3月~2012年3月

得奖纪录：1.2013国际宜居城市大赛奖——自然类金质奖
2.2012台湾卓越建设奖——卓越奖
3.2012"中华建筑金石奖"——优良公共建设类金石奖

高雄市中都湿地公园

中冶环境造型顾问有限公司

1

1 以狭窄吊桥衔接生态岛

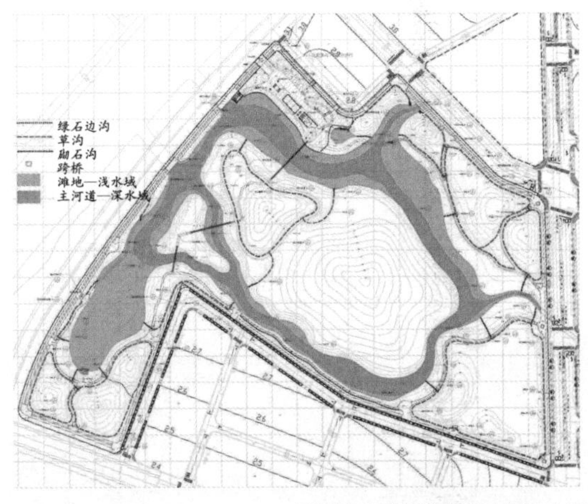

平时为伴随潮汐涨退之湿地公园

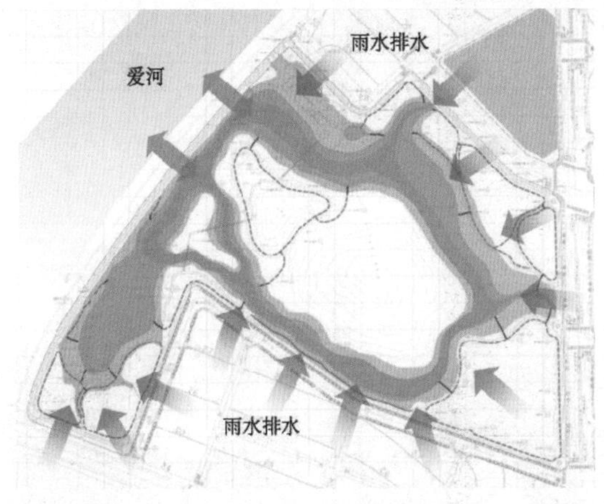

暴雨时成为都市滞洪池

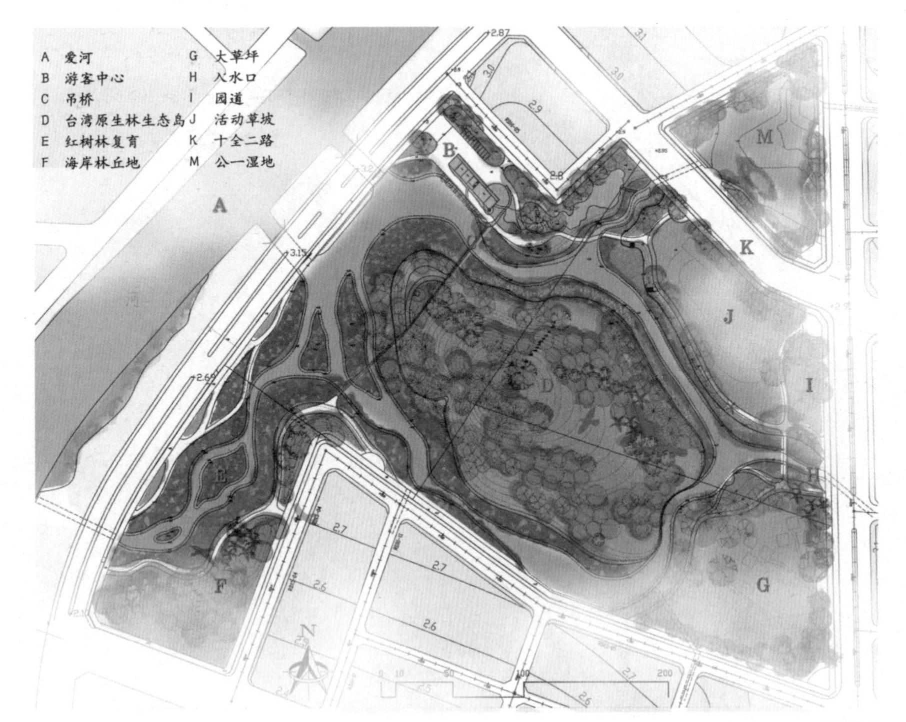

平面图

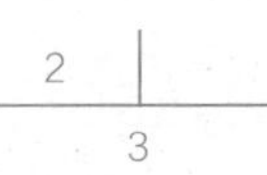

2 湿地教育解说中心
3 中都湿地全景
（高雄市政府工务局 提供）

4 | 5 | 6
7

4 借柴山美景，与基地融合
5 保留原有苦楝与河道相配合
6 仿生游客中心盘踞水边
7 漂流亭与大榕树之端景

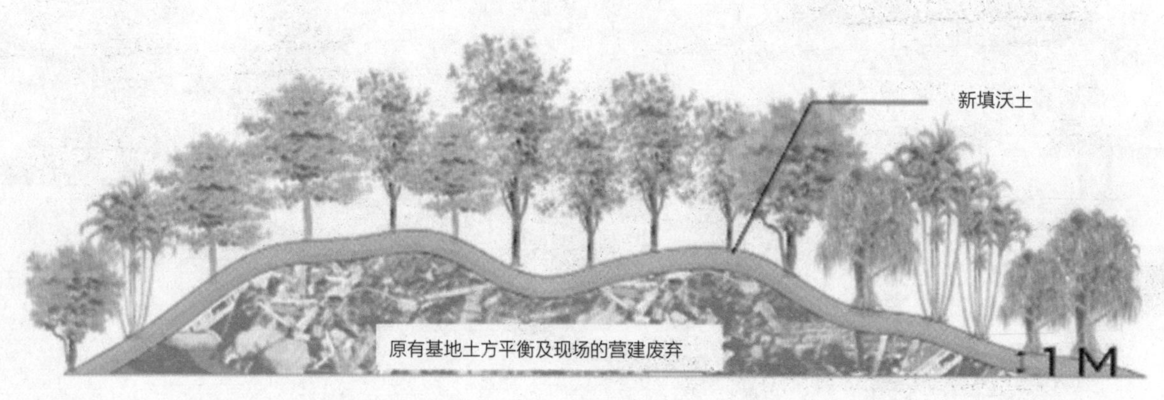

废弃土处理方式

8 漂流木为凉亭材料再利用
9 生态岛复育原生种一景

前言

人与环境间有相互依存之关系。

湿地之基本生态功能，为水系之调节因素；水鸟因季节性迁徙，会穿越不同国界，故应将其视为一种国际资源。

制定具有远见之国家政策，并结合国际之协调行动，必能使湿地及其动植物群落获得保存。

摘自：《拉姆萨尔国际湿地公约》

1971年各国在伊朗拉姆萨尔签署的湿地公约，清楚地揭示了湿地对于全球生态环境的价值。高雄市主要的施政目标之一是水系蓝带与生态绿网串联计划，而湿地是水系蓝带与生态绿网里最重要的角色。

我们认为主办世界运动会之后，高雄市更应该从全球的视野来审视自己的定位。到2013年为止，高雄市有12个湿地公园相继完成，湿地生态廊道的架构逐渐成形，显见高雄市已从国际港埠与工业城市转型为生态城市。此时，借由开辟中都湿地公园的机会，高雄市更应进一步思考对全球生态系统的修补，究竟该如何为之做出贡献。

兴筑高雄港以及都市化之前，老高雄海岸以及老爱河下游曾

经红树林密布。中都湿地位于爱河边且邻近市中心，可谓湿地生态廊道的核心。异于其他11个湿地，中都湿地受到爱河涨、退潮水位变化的影响，淡、咸水混合的环境，让中都适合红树林生长复育。

老高雄热带海岸林的生态景观，从地球环境系统消失已久，市民早已不复记忆。本计划目标是利用中都湿地公园为高雄市、为地球补回一块遗失的热带海岸湿地，同时保留基地上过去木材产业所留下的遗址并建立教育解说中心，重建爱河周边的生态环境及历史记忆，这就是开辟中都湿地应有的使命。

中都湿地规划构想

高雄的河口湿地，早期是台湾红树林植物分布最广、最多的地区，也是生长在台湾全岛环境中6种红树林种类群聚而生之地，包含水笔仔、红海榄、红茄苳、细蕊红树、海茄苳以及榄李等（其他地区河口树种则零星分布），然因日据时期填海造地、港口码头的建设以及20世纪50年代以后快速的都市发展，造成细蕊红树及红茄苳等物种在台湾岛上濒临灭迹。因此本案提出利用部分旧有水道浚渫，衔接部分遗留的贮木池，形成开放水道；在中都湿地复育台湾红树林物种计划中，将分布在台湾的6种红树林主要植物复育，并期望成为灭迹物种的种源地。河道复育初期以培育红树林为主要目的，复育成功后，可引入轻艇游湿地等都市活动。

中都湿地导入拉姆萨尔国际湿地公约中针对湿地形态所定义的部分内容，包括：淡海水混合（红树林湿地）、人为（污水净化湿地）、海水淹没地区（潟湖湿地）、活流（河道开挖）等复合性湿地环境，供水鸟进驻栖息。另外考量到高雄地区的植物分层地形结构，提出台湾海岸林带环境塑造计划，而海岸林带植物计划则为利用河道挖填方平衡后进行植栽配置。

同时，位于高雄市爱河畔的中都湿地公园，其前身为台湾著名的木业合板工厂区，为了方便引原木进入工厂，借用了爱河水力将原木输送至贮木池储存及加工，至今保留于中都湿地内的河道已成了与自然海水接连并且终年有水的特殊湿地景观。在施工时，从旧有渠道中挖掘出来一根长达7米的原木，并安置于教育解说中心与水质净化区连接的户外空间，作为历史记忆、产业遗址的见证。

教育解说中心为湿地建筑，建筑机能是呼应自然湿地中可能产生的各种现象所设计的干栏式建筑。其一楼为挑高空间，容许暴雨时的淹水状况，同时可作为轻艇活动行前教育的解说空间，主要的机电设备皆设置于上层，乃为针对中都爱河自然水位涨退潮而进行的设计。为了唤醒人们对生态环境的记忆与共鸣，本计划利用仿生建筑的手法来设计教育解说中心，模仿了螯虾在河道中昂头的身形依傍在中都湿地的河道边，犹如两栖生物般栖息在都市丛林的一幕景象。

湿地明智利用（Wise Use），意指利用湿地的方式让湿地生态系统可以维持良好的运作。中都湿地以“明智利用”的态度回应了自然环境资源，并执行中都湿地的复育、保育及教育“三育”策略，不仅进行红树林及海岸林复育、鸟类栖地保育以及生态环境教育等计划，甚至为了增添高雄市市民在都市中亦可体验自然活动的乐趣，亦在人工河道上建立了几座吊桥，不仅作为园区动线串联的工具，亦可吸引人潮以愉快的心情来亲近红树林。

高雄市中都湿地公园

业　　主：高雄市政府工务局养护工程处
地　　点：高雄市三民区
用　　途：1．将中都湿地营造成适合候鸟的栖息环境，成为候鸟的生活廊道
2．全球湿地定位
3．建构“生态城市”
4．生态歧异度高的“海岸林带”保育与再生
5．湿地零损失
6．作为高雄红树林复育地
7．湿地环境监测及教育、交流
8．高雄“湿地生态廊道”的教育解说中心

景观设计

事 务 所：中冶环境造型顾问有限公司
计划主持人：郭中端
建 筑 师：杨丰溢、竹中秀彦
参与人员：周龙坤、何其昌、高绮蔓、赖荣一、何采勋、吴东阳、李蕙吟、任芯莹、陈奕任、张维仁、周俊仲、黄继雄、杜和达、黄佳玮、郑憬翰、崔景翔、蒋玉明、俞执中、林长青、许惠灵、张育端、姚奇成、王舜儒
顾　　问：湿地生态/堀込宪二、郭城孟、郭琼莹、财团法人高雄市野鸟学会
轻艇活动/李荣温
结　　构/富田构造设计事务所、杜风工程顾问公司、和建工程顾问有限公司、开通大地工程股份有限公司
机电/给排水/正泰工程顾问有限公司

施　　工：久腾营造、上禾营造、开裕营造、华章兴业、立富营造、国宫营造

材　　料

土　　木：钢构、集成材
植　　栽：棋盘脚、棕榈植物、海岸林行道树、海岸矮林、兰屿植物、恒春半岛原生种、六大红树林树种（榄李、红海榄、水笔仔、海茄苳、细蕊红树、红茄苳）
铺　　面：透水沥青、水泥刷毛、固化土、碎石加红砖、碎石步道、飞石步道、咕咾石、清水砖镶陶砖

基地面积：120,000平方米
建筑面积：667平方米
总楼地板面积：1334平方米
层　　数：地上三层（高度15米）

设计时间：2009年
施工时间：2010年1月~2011年4月

得奖纪录：1.2010台湾卓越建设奖——规划设计类金质奖
2.2011台湾卓越建设奖——优良环境文化类卓越建设奖
3.第19届“中华建筑金石奖”——优良公共设施类施工品质组首奖
4.2011台湾宜居社区竞赛——银牌奖
5.2012台湾卓越建设奖——工程品质类金质奖
6.2012台湾卓越建设奖——综合成就奖
7.2012 FIABCI全球卓越建设奖——环境类首奖

台北“故宫博物院”南部分院景观湖设计

境群国际规划设计顾问股份有限公司

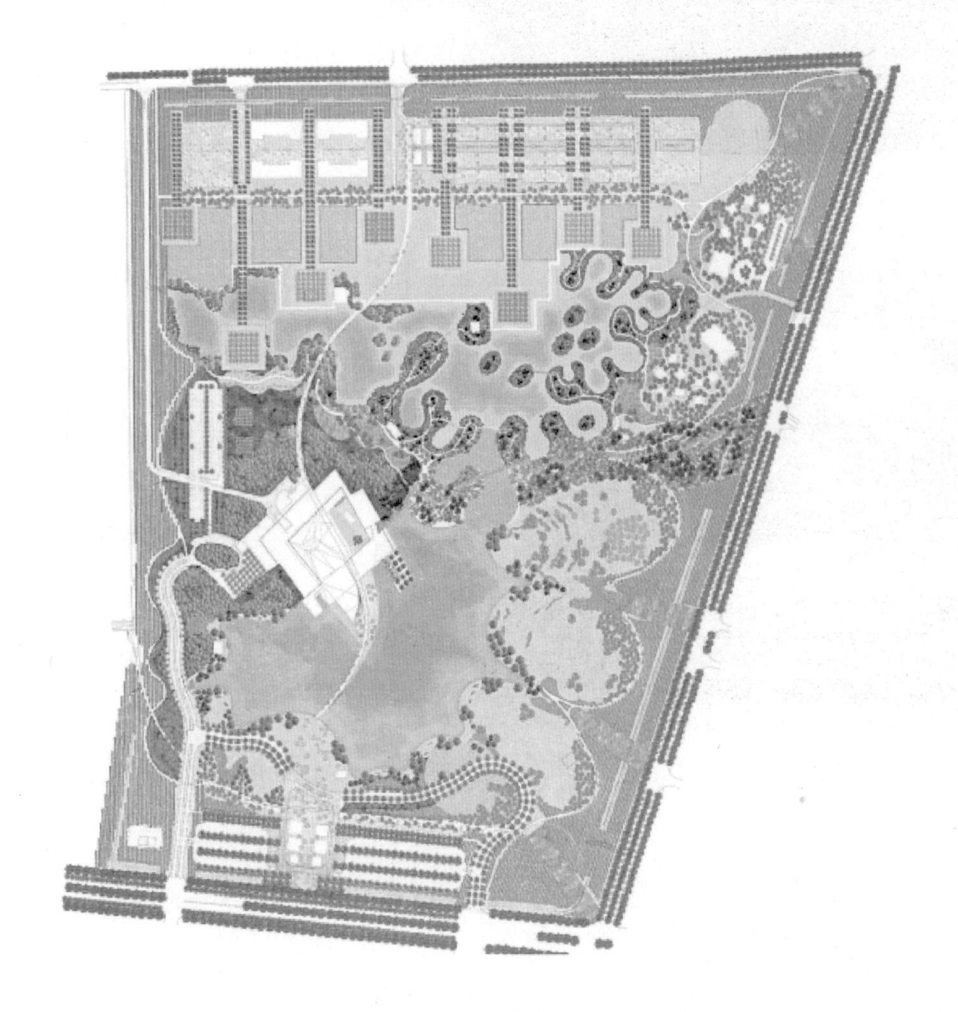

1

1 景观主要计划（资料来源：台北“故宫博物院”南部分院景观总顾问）

2~4 上湖施工记录
5 上湖施工完毕后进行蓄水

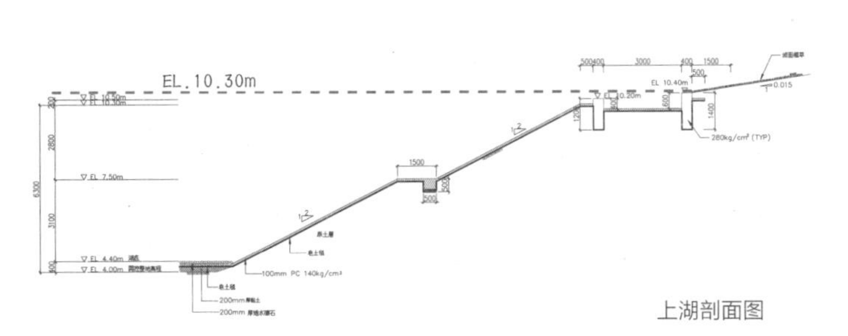

上湖剖面图

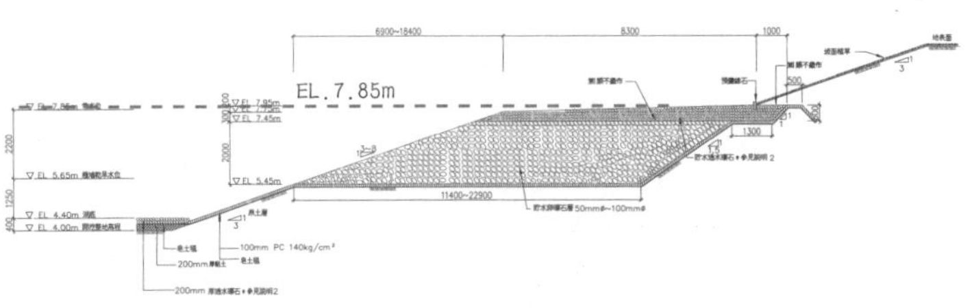

下湖剖面图

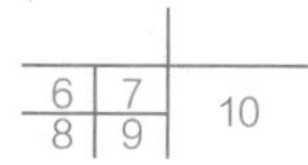

6 台风“苏拉”过后上下湖坝体两侧的水位
7 周边草沟施工
8 下湖施工
9 下湖滞洪池出水口
10 下湖施工完毕后进行蓄水

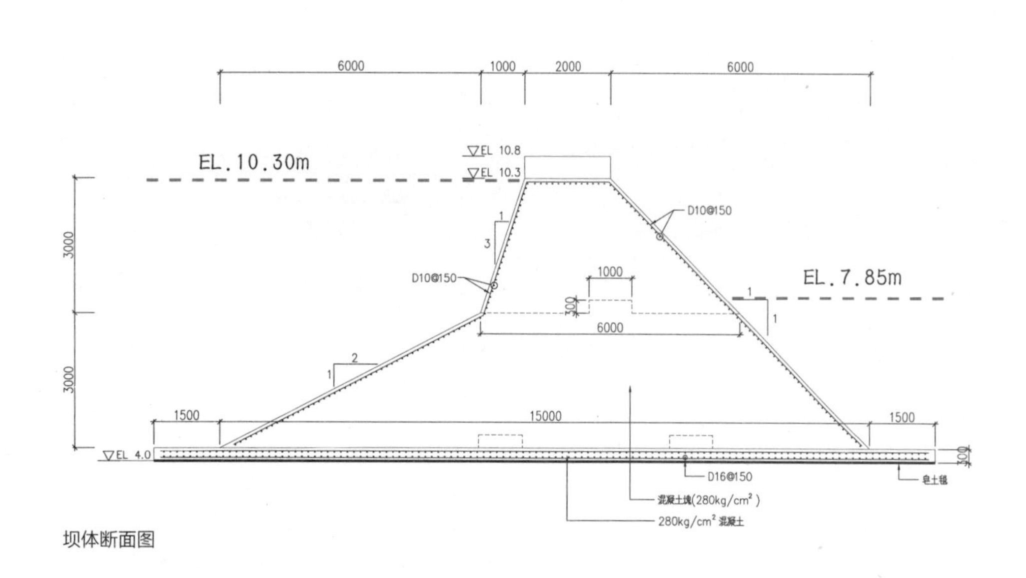

坝体断面图

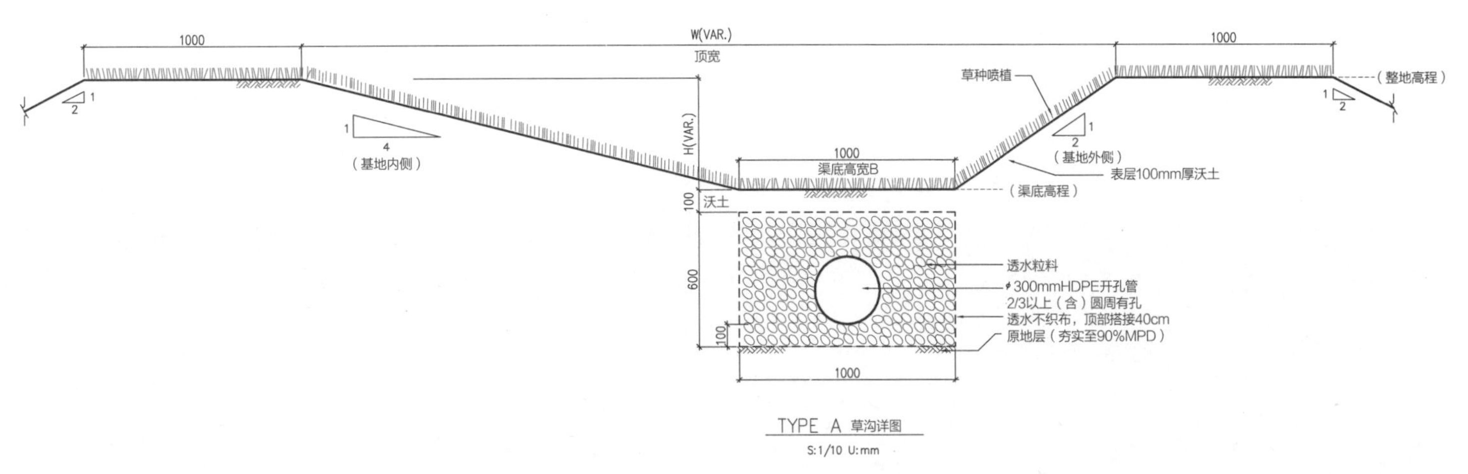
1000
W(VAR.)
顶宽
1000
草种喷植
（整地高程）
H(VAR.)
（基地内侧）
1000
渠底高宽B
（基地外侧）
表层100mm厚沃土
（渠底高程）
沃土
透水粒料
ϕ300mmHDPE开孔管
2/3以上（含）圆周有孔
透水不织布，顶部搭接40cm
原地层（夯实至90%MPD）
1000
TYPE A 草沟详图
S:1/10 U:mm

周围草沟设计

11 | 12 / 13

11 莫拉克风灾过后四个月下湖区水位
12 莫拉克风灾中基地北侧围篱已被水淹没
13 莫拉克风灾时下湖倒灌上湖

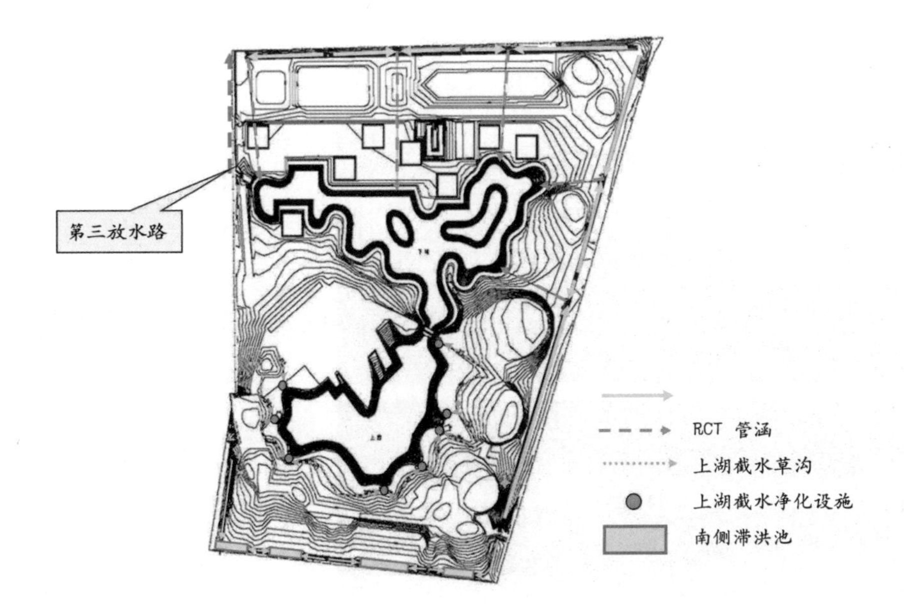

排水系统图

14 下湖区的蓝与绿
15 下湖区生态恢复

极端气候下的景观设计因应——台北“故宫博物院”南部分院景观湖之设计与执行

位于嘉义平原上约70公顷的博物馆园区在经过整地与景观湖的建置后，已从一片平坦的甘蔗田转为起伏有致的大地景，尤其在湖水注入后整个景观环境变得更为丰富多元，基本的生态景观环境架构已然成形，施工过程中许多鸟类到湖区周边筑巢觅食，看到多样化的生物出现总是让人心情愉快，相信只要我们提供机会给自然，自然环境就会翩然降临。

环保型的工程规划理念

园区景观以环境友善设计理念为出发点，强调结合保水净水的雨水管理系统来降低开发对环境造成的冲击，与本公司对环境开发首应建置生态基盘的理念相符，于是结合协力顾问万鼎公司在景观工程技术层面上提出相应之道，并进一步从环境责任和开发弹性上对原开发计划中的污水处理系统以及公共管线系统提出更环保、更生态、更弹性且更经济的建置方式，例如：运用人工湿地处理系统取代污水处理厂的设置，以减少资源浪费并丰富生态环境，公共管线以分区建置系统取代中央系统，减少管线布设数量并增加开发弹性。

由于开发变数，用小系统取代大系统既可有效经营逐步成形的环境，亦可减少庞大的中央维护管理费用。另外，本案也在整地过程中发现基地内的黏土可作为湖底的防水材料，而减少外购需求降低了开发的碳足迹。

景观湖面对防灾与气候调适之设计概念

园区总体规划阶段采取配置一个大湖面的概念，但由于基地气候干湿季差异性很大，因此水位也会有大的变化，为了保持经过国际招标后的博物馆建筑临水景观效果，在经过水利专业顾问的详细计算后，景观配置调整为上下湖的方式，即上湖保持稳定水位让建筑与湖面维持不变的关系，下湖则作为水位变化调节的生态滞洪池。园区雨水管理概念除了满足上述景观需求之外，还包括200年防洪频率的滞洪功能、雨水资源的收集净化系统以及为了减少水量蒸发的储水层概念，并通过预测极端干旱季节时的水位变化来设计所需的储水层体积。

水质净化系统

水资源循环与生态设计说明

依据景观主要计划构想，园区通过全区挖填平衡方式为博物馆区位提供在200年一遇洪水位以上的高程，同时产生人工湖所需的水域体积，全区排水系统则因高程关系分为南北两区，北区排水设施采用生态草沟以25年重现期设计容量，草沟的水通过涵管流入下湖；南区排水设施配合南侧滞洪池以50年重现期设计。

湖水的来源在设计上除了雨水之外，在东侧草沟和穿越基地的灌溉水圳相接处预留了一处闸口，必要时可通过闸口引入农田水利会的灌溉用水。湖水的水质净化系统设在下湖区，用水泵将下湖区末端上层水传送至湖区北侧高处的人工湿地净化处理池，经由FWS与SSF处理系统后再导流至下湖前端。上湖则通过抽取下湖湖水以水流循环的方式更新水质。

上下湖面积合计13.32公顷。上湖常水位约10.3米，蓄水量约27万立方米，以跌落瀑布和下湖相连。下湖水位约为5.65~7.85米，最高可达9.81米，以常水位7.85米计，蓄水量约21万余立方米。上下湖的结构以混凝土为主，防水层采用皂土毯和黏土，施工过程景观变化相当可观。

水域景观特色

上下湖的水域景观各有千秋，上湖集中型的大水面映射天空变化并倒映周边湖景，环湖的浅水域孕育多样较为细致的水生植物并发挥其安全阻隔之效；下湖区自由多变的水岸空间和储水层上部空间有适应水位变化而自生的植被环境所形成的近自然湿地；净化湖水的人工湿地则以农田形态的空间呼应在地感。湖区蓝与绿的交织丰富了生物栖息地环境并共谱视觉地景变化。

适应南台湾气候的储水设计

依据基地水保报告及景观顾问之规划构想，设置储水量18,750立方米的贮存水体空间，减轻下湖在干旱时期水位下降的情况，从储水效能及后续维护管理（清理淤积与储水空间的泥沙）的角度而言，能产生100%最大储水空间的水泥箱体应是最佳方案，其次是95%的人造储水立方体（进口专利材料不易在公共工程中采用）。但在设计审核过程中，因为设计人员认为天然砾石比较合乎生态自然的考量，进而改以砾石层进行设计。然而，基地属于砂质土壤，加上每年逐渐增加的暴雨频率，经过一段时间后砾石层中的孔隙会被细沙填满而无法清除，储水层的预期效果当然会逐渐降低，届时是否要抽干湖水翻洗砾石层呢？希望院方未来会做监测记录以了解储水层功能的变化，并以此作为工程上的经验依据。

“暴雨下”的工程验收

在施工末期正好遇上2009年的“八八风灾”（莫拉克台风），工地刚刚堆好的200年防洪土堤无法抵挡由北面朴子溪溃堤而来的大水，瞬间滞洪功能的下湖被大水淹没，倒灌的洪水翻过坝体溢流进入上湖区。园区的大湖空间似乎缓冲了南流的水势，降低水患影响位于南面的县政府。水患过后四个月在蒸散作用之下可观察到下湖的水位明显降低许多。

2012年9月台风“苏拉”也带来丰沛的雨量，让上下湖很快达到满水位。这过程也再次检验了人工湖设计的效益。

工程的运作管理

基地从2005年起已经断断续续动工了将近8年时间，以本公司在传统艺术园区的建置经验，基地应及早种植乔木，以便使这片没有树木的土地早日绿荫繁茂，且当年许多理想可行的景观工程设计也都应逐步落实，而不至于浪费资源，例如：上湖的水深达6米，4米以下稳定的湖水温度其实可作为博物馆区的能源交换之用，后续的开发应更积极讨论如何应用。至于湖水人工湿地净化池的建置因园区整体建设迟缓，院方为减少维护管理的支出，仅完成硬体构造部分，水生植物的种植可能要等待博物馆接近完工时才会进行，但可利用这段时间进行水质监测以作为后续工程施作的参考。

未来园区的景观环境维护管理是一大重点，许多环境认知以及经营之道需要及早达成共识，只有这样才能让园区景观品质与生态环境随着时间的累积产生更大的魅力。

附记

本公司于2005年担任台北“故宫博物院”南部分院的园区景观工程技术服务，当时参与本案的专业顾问包括：博物馆区建筑顾问美国安东尼普理达克建筑师事务所，园区景观顾问加拿大洛德文化资源管理与规划公司及其园区景观顾问团队，以及专案管理顾问澳商联盛国际企业股份有限公司。但不久所有顾问在各种不同原因下陆续离开本案！本公司也在历经三任院长后于2009年底结束与院方的合约关系。南院建置历程可谓曲折再三，唯一值得欣慰的是在2007年因预算执行压力下而施作的人工湖与储水层工程，在2009年的莫拉克台风以及2012年的苏拉台风当中都看见上下人工湖充分发挥环境减灾的效益，故本文以此为分享主题。

台北“故宫博物院”南部分院景观湖设计

业　　主：台北“故宫博物院”
地　　点：嘉义故宫大道
用　　途：园区地貌形塑及生态滞洪池与博物馆区景观水池

景观设计

事 务 所：境群国际规划设计顾问股份有限公司
主 持 人：林信宏
参 与 者：彭文惠、赵家羚、蔡崇宪、张慧芳、万莹珊
监　　造：李明达、陈兆俊、陈俊发、廖荣顺
土　　木：万鼎工程服务股份有限公司
水　　电：旋宇工程顾问有限公司
人工湿地：嘉南药理科技大学生态工程技术研究中心
植　　栽：境群国际规划设计顾问股份有限公司

施　　工：发泰营造股份有限公司

材　　料

土　　木：卵砾石、皂土毯、黏土、草沟、钢筋混凝土水池结构等

基地面积：约70公顷

设计时间：2006年3月~2007年1月
施工时间：2007年3月~2010年7月

鹿角溪人工湿地

威陞环境科技有限公司

1	2
3	4

1 孔雀纹蛱蝶
2 日本绒螯蟹（毛蟹）
3 鹿角溪解说牌
4 苦楝花

5 6

5 鹿角溪人工湿地全景
6 生态池

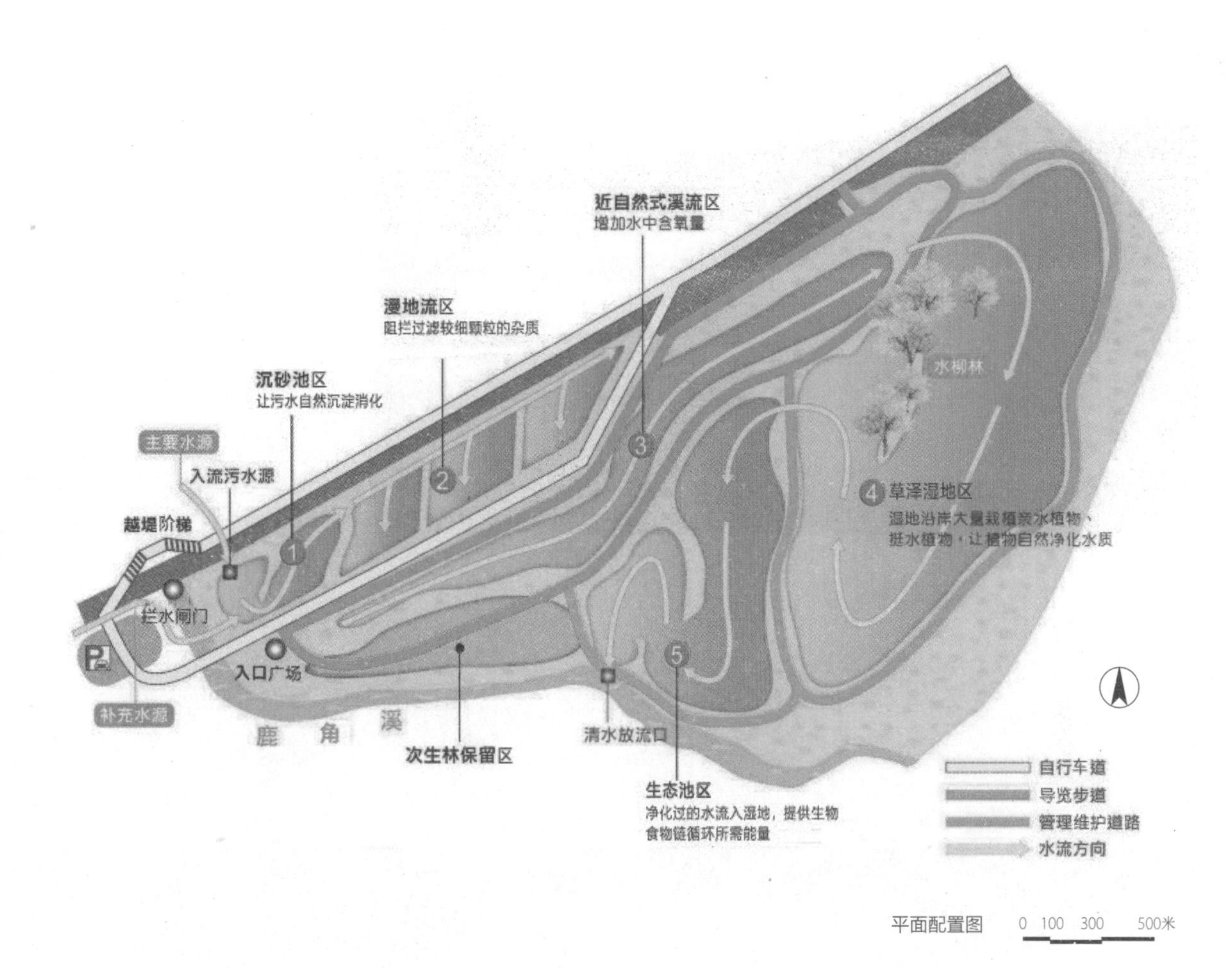
近自然式溪流区
增加水中含氧量
漫地流区
阻拦过滤较细颗粒的杂质
沉砂池区
让污水自然沉淀消化
主要水源
入流污水源
越堤阶梯
拦水闸门
入口广场
补充水源
鹿 角 溪
次生林保留区
清水放流口
水柳林
4 草泽湿地区
湿地沿岸大量栽植浮水植物、
挺水植物，让植物自然净化水质
生态池区
净化过的水流入湿地，提供生物
食物链循环所需能量
自行车道
导览步道
管理维护道路
水流方向
0 100 300 500米

平面配置图

7	9
8	10

7 初沉池
8 近自然式溪流
9 挖土机翻搅水土制造牛踏层之状况
10 草泽湿地

11 生态池
12 野桐花与虫
13 水虿
14 高跷鸻和白鹭

鹿角溪湿地位于树林市城林桥下的大汉溪畔，这块人工湿地是淡水河流域沿岸规划的人工湿地中最先设置完成的。这块基地最早是台北县设在大汉溪畔的垃圾掩埋场之一，在2004年1月部分腐殖土被清运后，另外部分未清运的腐殖土堆积所形成的高地，则保留了许多阳性植物的次生林，例如水柳、苦楝、构树、山黄麻等，成为土城地区天上山系与树林大同山系间的生态廊道，提供良好的动物栖地。在人工湿地兴建之前，可见驳坎平台草生地、高滩地草生地、次生林高地、菜圃、河岸滩地等五种地景。

本工程将鹿角溪湿地改造为一个为处理树林地区生活污水而建立的仿自然污水处理厂，水域环境约13.11公顷，连同陆域面积约为16公顷。整个净化水质的系统，含有沉沙池、漫地流区、近自然式溪流净化区、草泽湿地区及生态池等五个部分。此外，借由创造不同水域栖地环境，重建河岸水域生态，将污染物转化为湿地的养分，复育珍稀原生水生植物，吸引水生动物包括水鸟、蜻蜓及两栖动物等栖息繁衍，为树林地区创造广达16公顷的生态公园与邻近学校的环境生态体验式教育园区。

节能减碳的绿色工法

克服高低滩地多卵砾石土质，全部水域采用生态式晶化防渗处理达成水域营造要求，并且整合多种湿地污染削减机制，以不耗能的重力取水方式，每日削减12,000吨污水中70%以上的SS、BOD及氨、氮等污染物。与传统污水处理场相比，鹿角溪湿地工程减少了至少5/6的建设经费及85,000吨的碳排放量，每年还可减少约1,500万元的污水处理费并减少约1,000吨的CO_2。

生态复育成效

以鸟类的复育为例，原有14科25种鸟类，现有30科60种鸟类，包括10种特有亚种。目前常见鸟种多为灰鹡鸰、小䴙䴘、红冠水鸡、小环颈（行鸟）、高跷（行鸟）、小白鹭、中白鹭、大白鹭、苍鹭、黑腹燕鸥、家燕、毛脚燕、斑文鸟、红鸠、喜鹊、八哥等。而以蜻蜓的复育为例，原有2科4种蜻蜓分布，现有4科14种蜻蜓栖息。

鹿角溪人工湿地成功联合邻近小学教师，以树林小学为召集学校，形成“鹿角溪人工湿地”课程发展策略联盟，目前参与的有树林、柑

鹿角溪人工湿地

业　　主：新北市政府高滩地工程管理处
地　　点：新北市树林区大汉溪高滩地
用　　途：人工湿地

事 务 所：威陞环境科技有限公司
环工技师：陈英钦
建 筑 师：强国伦
监　　造：劲竹营造有限公司

基地面积：160,000 平方米

设计时间：2005年9月~2006年8月
施工时间：2007年1月~2009年7月

得奖纪录：1.台湾卓越建设奖金质奖
　　　　　2.县府公共工程优质奖
　　　　　3.公共工程金质奖优等奖

园、彭福、大同四所学校。此外联合生态专家、课程与教学专家、美编专家、学校老师，组成“鹿角溪人工湿地课程发展工作坊”，进行生态池的水质监测、发展“我爱鹿角溪”的体验课程，让学生能更进一步认识鹿角溪人工湿地在生态保育上的重要性，进而守护湿地。

节能减碳成效

鹿角溪人工湿地每日处理12,000吨都市杂排水，利用取水闸门抬升水位后，通过输水干管利用水头差自然流入湿地处理系统，属于重力取水方式，不耗费分毫电力即可截流污水进行处理。如果采取规划阶段另一备选方案，在鹿角溪水门放流渠道旁设置抽水井动力取水，全年电费约需37.4万元。重力取水的设计除了节省电费开销外，也等于间接减少了发电所造成的碳排放。依照台湾电力公司所公告的排放系数，鹿角溪湿地重力取水的设计等于每年减少了约100吨的CO_2排放。

人工湿地借由湿地生物的生长活动吸收分解水中污染物质，其中湿地植物扮演了重要的角色。湿地植物借由光合作用吸收水中的污染物质（营养盐）成长，同时也吸收固定了大气中的CO_2成为植物组织的一部分。根据设计团队成员过去在邻近新海人工湿地所做的研究，每公顷人工湿地每年可吸收约90吨的CO_2，以鹿角溪人工湿地水域面积13公顷、植生密度80%估算，每年可借由湿地植物吸收固定高达约900吨的CO_2。

借由重力取水所减少的碳排放以及湿地植物生长所固定的碳，鹿角溪人工湿地在削减水污染的同时，每年还贡献了高达至少1,000吨CO_2的减碳效益。依照能源主管部门公告的能源类碳排放系数（每升汽油排放2.24千克CO_2），鹿角溪人工湿地等于每年削减了约45万升汽油所产生的CO_2。

（资料整理：蔡锡昌）

参考资料

1. 台北县政府高滩地工程管理处
2. 我爱鹿角溪——鹿角溪人工湿地户外学习教室，胡秀芳
3. 我爱鹿角溪——鹿角溪人工湿地户外学习教室，台北县树林市树林小学、柑园小学、彭福小学、大同小学
4. 我爱鹿角溪儿童夏令营，鹿角溪人工湿地课程发展工作坊

万年溪流域整体整治计划

黄苑景观设计顾问有限公司

万年溪整体平面图

1

1 与万年溪共筑的美好生活体验

2 4
3 5

2　利用原有墩柱搭建的“希望之桥”串联万年溪两岸
3　改善后双排植栽营造舒适的人行道
4，5利用既有混凝土桥墩而做的休憩平台

6 台糖旧铁桥及大榕树
7 渠底深槽打开之生态工法
8 入口意象万年溪城市新溪望
9 玉皇宫前广场改善

萬年溪
城市新溪望
21/12/2010

10		
11	12	15
13	14	

10 台电管线桥面美化

11~14 混凝土墩柱拆除作为生态石笼施工过程

15 砌石护岸生态工法

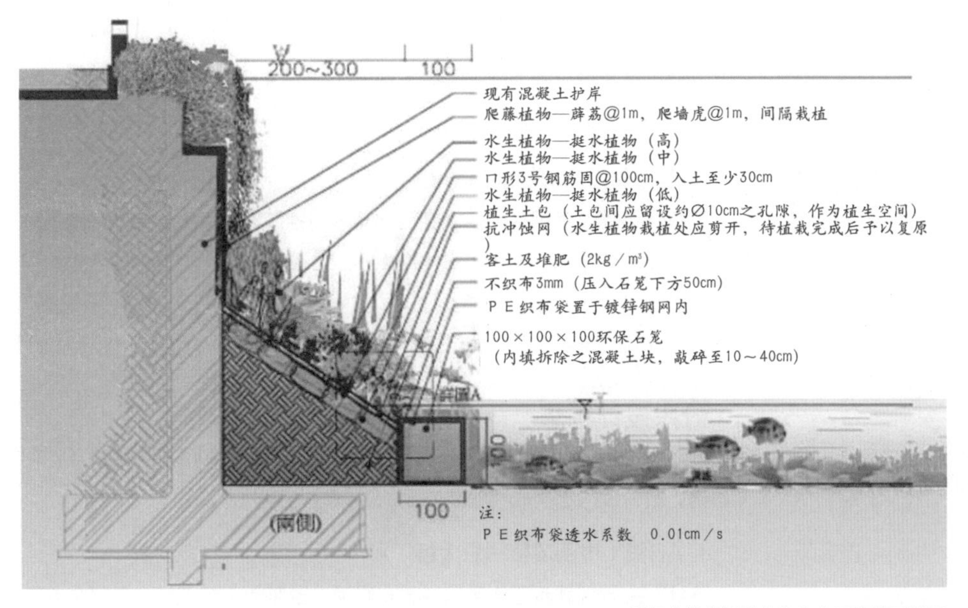

混凝土墩柱拆除作为生态石笼施工详图

计划源起

万年溪纵贯市区长达6千米，是屏东市的生命之河，但在经济发展过程中，就像其他城市的河川一样，其被注入了乌黑恶臭的工业、畜牧废水及家庭污水。1995年，县政府为万年溪立柱加盖，后因引发争议而停工，但绵延三四千米悬于河道上的墩柱，十多年来成了台湾都市里最奇特的景观。本案自2007年参与至今，特别整理规划理念与设计构想，各分段施作成果及几个未竟之梦与诸位分享。

全段规划理念与设计构想

1. 水与绿的网络串联

万年溪周边自然与人文资源丰富多元，可借由水与绿的网络串联周边公园、学校、寺庙等，整合屏东地区的生态系统，借此增加生物多样性并创造优质的休憩空间。

2. 河道改善

将大型混凝土立柱分段切除，并将其碾碎作为环保石笼的填料，种植水生植物来净化水质，并打破部分河床底部的混凝土铺面，增加多孔隙的生态河道环境。

3. 妥善规划停车及人行空间

串联万年溪河岸的人行道，配合现有植栽在两岸人行道栽植双排乔木。在空间较为狭小的路段则架设木栈道，并配置眺景平台，还给行人一个具有亲和力的社区囊袋空间。

4. 塑造每段河道的植栽特色

河岸周边建议使用各种四季变化的原生树种作为行道树，另外栽植悬垂植物及爬藤植物，软化裸露的坝体水泥表面，增加水生及水岸植物，提升河川的生态环境品质。

分段设计构想

万年溪南北贯穿屏东市区，本案由省道台一线的牛稠溪桥往北至胜利桥，各分段构想及成果分述如下。

1. AB段（牛稠溪桥—永大桥）

本计划主要规划有万年溪河道生态景观的改善，水岸人行、自行车道及悬臂梁栈道的串联、植栽绿化、一桥一特色及路边平行停车区与分隔绿带的规划设计等，并保留部分水泥墩柱架设希望之桥及平台作为环状动线及供社区邻里休憩之用。

2. CGH段（永大桥—“建国桥”暨长春桥—民贵二街桥）

永大桥至“建国桥”段长约550米，为便于居民在环状动线散步，遂于中央增设历史之桥并导入万年溪历史影像；为改善河道两岸的步行及停车空间，以植草砖及绿带阻隔来提升人本环境。而公园桥至民贵二街桥段则延续上游生态砌石护岸，设置乌�桥纪念碑并设置栈道及平台以串联动线及凝聚社区向心力。

3. DEF段（“建国桥”—长春桥）

本工程位于万年溪中段，长约1400米，除延续其他段设计精神外，尚包括渠底混凝土深槽拆除后以砌石方式增加多孔隙水环境。而原已加盖约185米作为停车场使用的玉皇宫前广场，亦重新规划其停车、步道、休憩解说空间、植栽及铺面图案。本案同时保留长约30米的混凝土柱作为河川历史见证并增设幸福之桥及台糖旧铁桥，以呼应社区及历史涵构。

4. G段（长春桥—林森桥）

基地位于民和小学前完整的河岸绿带及人行、自行车空间，全长约为304米。工程内容包含民和桥修复回人行步桥、小学前休憩平台及木栈道串联等。

5. I 段（胜利桥—民贵二街桥）

顺应本段河道宽度的变化及两岸的腹地，创造砌石护岸生态工法以满足通洪断面积，并区分为：南段都会型的河岸人行散步空间，中段台糖旧铁桥历史散步休憩空间，北段右岸为社区亲水阶梯广场及亲亲草原，左岸则利用木平台创造巷弄囊底节点，同时将诗藏万年溪作品设置于凉亭内。

6. 全段收尾缝合（牛稠溪桥—胜利桥）

本案属于万年溪收尾缝合计划，除改善街角无障碍空间及加强绿化外，还增设桥梁的夜间照明及美化现地混凝土机电设施，完成社区夫妻树平台及消防队建物立面拉皮外，更延续前期的渠底深槽生态工程共942米，创造鱼类栖地的多孔隙生态河川。

未竟之梦

回想当初提案的理想，仍有下列几点遗珠之憾，作为未来努力的目标：

①水位的抬升，期盼未来能借由橡皮坝等设施，让水位提升到可以划船的高度。

②善用周边公园绿地作为滞洪及水质净化湿地，除可净化水质，更能扮演生态、教育及游憩的功能。

③破堤并串联万年溪与周边公园，在不妨害都市排洪的功能之下，将万年溪部分混凝土水岸改为绿地缓坡并与公园结合，而车流量较少的左岸道路可利用其他替代道路取代，复原河岸的自然生态栖地。

16 夫妻树平台
17 既有电箱基座改成座椅

万年溪流域整体整治计划

业　　主：屏东县政府
地　　点：屏东市区
用　　途：河川生态营造及水岸散步空间

景观设计

事 务 所：黄苑景观设计顾问有限公司
主 持 人：黄祺
参与人员：林大元、洪慧珊、王昱爱、洪佑欣、杨维仁、吴祖琛、杨正杰、翁伟屏、刘致良
土　　木：黄苑景观设计顾问有限公司
　　　　　建巨土木结构技师事务所
水　　利：怡兴工程顾问有限公司、鸿成水利技师事务所
水电、照明、植栽：黄苑景观设计顾问有限公司

施　　工：欧乡营造、典桦营造、天海工程、和晟营造、新进成工程、铨元营造、旭德营造

材　　料

土　　木：木栈道、木平台、跨桥、生态石笼、渠底深槽、人行步道
照　　明：景观高灯、车阻灯座、木栈道地底嵌灯、植栽投光灯、桥面地底嵌灯、线形LED灯
植　　栽：乔木、灌木、草花/悬垂植物及水生植物
铺　　面：平板砖人行道及广场

基地面积：长/牛稠溪桥-胜利桥共3950米
　　　　　宽/河道及两岸绿带、人行道

设计时间：2007~2011年
施工时间：2009~2013年

得奖纪录：1.2009台湾城乡风貌整体规划示范计划竞争型方案第一名
　　　　　2.2013建筑园冶奖（胜利桥—公园桥）

台北市客家文化主题公园暨跨堤平台广场

万邦建筑师事务所

1

1 重现梯田风景

左页：摄影／刘淑瑛

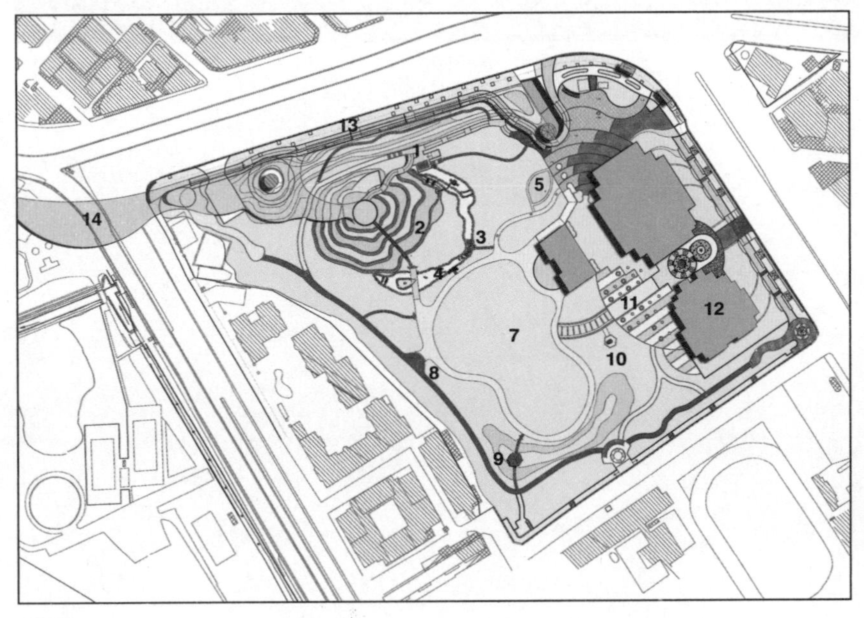

配置图

1 烟楼凉亭
2 农村体验区
3 伯公亭
4 生态沟渠
5 禾埕
6 客家文化中心
7 中央活动广场
8 林荫栈道
9 土坡凉亭
10 敬字亭
11 凤凰花广场
12 客家戏曲中心
13 跨堤自行车道
14 观景平台

2 | 3
4

2~4 跨堤自行车道与观景平台

5 | 6 / 7 | 8

5 跨堤自行车道
6 伯公亭
7 农村体验区
8 生态沟渠

9　融合客家风情的文化园区
10 农村体验区俯瞰图
11 生态沟渠
12 凤凰花广场

设计理念

台北，一个水路环绕的多元国际都会；客家，一个文化丰沛的包容内敛族群，漫游在蓝色公路的台北水岸，欣赏蔼蔼雪花般的客家桐花，创造新时代知性休闲的台北客家！

本案为找寻原初尊重大地的精神，将大自然里蕴藏的基地线索，从现地环境纹理之中，一步步探索壤土碎石、须根落叶、生物栖地、植被脉络的奥秘，并依此记号、暗语串联出人文与自然的路径，勾勒出一条塑本求源的绿色通道，期望能呈现人性、水纹、土地、种子的场域特性。

水岸桐花，台北客家

台北市具有得天独厚的天然资源，境内拥有长达六十余千米的临河水岸，但为防洪避患，在岸边筑堤挡水，水岸成了“化外之地”，高耸的水泥堤防与挡水墙使美丽的河岸与都市空间完全隔离，影响市民观赏河岸风景与亲近的机会。台北市客家文化主题公园暨跨堤平台广场，即为落实市政府“整治活化淡水河”的水岸城市主张，并成为“公馆水岸新世界”整体规划的北端门户。

本案基地原为台北市八号公园用地，1990年辟建为交通公园及儿童交通博物馆。走过阶段性任务，2009年计划整建为客家文化主题公园，并规划自行车及人行跨堤平台，串联河滨公园、水岸绿地、自行车路网，结合自来水园区、宝藏岩与公馆、师大商圈资源，形塑公馆水岸新世界计划亲水绿意的共生艺栈，兼具推广客家文化，为市民及国际观光客提供平假日更多元的公共活动及休憩空间，体验更宽广自然的亲水观景生活。

客家文化主题公园——生态永续，敬天爱物

从观察土地、倾听声音出发，本案基地3.96公顷，包含原有硬体建筑物儿童交通博物馆、明日世界馆必须增建整修拉皮，并规划为客家文化中心、客家戏曲中心。20年的阶段性任务未带来过多的游客与人潮，倒也造就基地内涵潜藏丰富的生态林相，此都市之肺的开放空间着实让人着迷，也给予设计团队对发想主题公园的愿景的契机——尊重环境与生态。

规划设计期间亦受到周边市民与团体关心，基地内乔木植栽除部分配合公园机能在园区内移植外，尽量采取原址保护，公园内增建客家意象的敬字亭、土坡凉亭、烟楼凉亭、伯公亭、生态沟渠、水车、木桥及农村体验区，塑造客家原乡特色。

农村体验区——插秧播种，乐活收成

客家主题公园西北隅的地下为台北捷运中和线通过的路径，配合古亭站至顶溪站间设置的通风竖井，周边堆置高4～6米的小土丘。考量整体园区与既有地貌的融合，规划为渐序层次的农村体验区，并勾勒出茶山水田、亲近壤土、辛勤拾穗的客庄意境，让市民重拾挽袖、播种、施肥、灌溉、收成的农园精神，薪传与感受农民无私的辛劳与付出。2012年7月开园1周年，已可见菜园、稻田

的上百斤丰硕果实，这种有机自然不用农药、人工施筑不用机械的健康耕作法，深具教育、文化、参与的含义。

跨堤平台广场——遨游树梢，漫步彩霞

自公园农村体验区沿梯田小径或高架木栈道缓坡而上，与师大路侧自行车及人行缓坡引道结合为跨堤平台广场，河岸端引道衔接河滨公园的自行车路网，消除挡水堤防的障碍阻隔，客家文化主题公园与堤外数百公顷的河滨公园连接为一体。

平台广场采用单斜拱钢桥形式设计，平面外弧曲线造型与拱圈相呼应，因采用15度斜拱结构，平台上之三度空间完全自由开放，驻足平台广场，隔离水源快速道路、师大路傍晚扰人的交通喧杂声，可远望新店山景、新店溪畔的水岸美景及对岸新北市的夜景，并成为台北市休憩观景的新景点。

13 生态沟渠与水车
14 敬字亭
15 客家文化中心

台北市客家文化主题公园暨跨堤平台广场

业　　主：主办机关/台北市政府客家事务委员会
　　　　　代办机关/台北市捷运局南区工程处
地　　点：台北市汀洲路三段2号
用　　途：休闲游憩、观光展览设施

设　计

事 务 所：万邦建筑师事务所
主 持 人：庄辉和建筑师
参 与 者：莫国箴、林再澍、吴庆丰、庄英男、吴新助、谢慧玲
监　　造：吴明宗、徐佳楷、温雅贵、吕品晶、刘明海、梁均达
结　　构：周有结土木暨结构技师事务所（主题公园及文化中心）、
　　　　　邑菖工程顾问有限公司（跨堤平台广场）
水　　电：克勤电机技师事务所
景　　园：林海平、李麓雅

施　工

施工厂商：同顺工程营造股份有限公司
跨堤钢构：晋欣营造股份有限公司（屏南钢构厂）
景　　园：大高雄景观有限公司
机电空调：旺家工程有限公司

材　料

构　　造：钢筋混凝土造（客家文化主题公园）（整建）
　　　　　钢骨造（跨堤平台广场）
　　　　　木造（土坡凉亭、烟楼凉亭）
植　　栽：油桐花、樟树、艳紫荆、竹林、凤凰木、台湾栾树、
　　　　　客家四花（桂花、灯笼花、含笑花、夜合花）
铺　　面：花岗石、透水砖、高压混凝土砖、拼花马赛克、木栈道

基地面积：39,652平方米（客家文化主题公园）
建筑面积：3273平方米
总楼地板面积：12,439平方米（本期增建1296平方米）
跨堤平台广场面积：2480平方米
跨堤平台引道面积：2480平方米

设计时间：2008年1月~2009年3月
施工时间：2009年5月~2011年7月

得奖纪录：1.2011台北市都市景观大奖特别奖
　　　　　2.2012台湾卓越建设奖——公部门基础建设类银奖
　　　　　3.2012台北市老屋新生大奖——网络人气奖

澎湖山水堤外生态环境再造

大藏联合建筑事务所

1
2

1 澎湖山水西侧堤外全景
2 堤防周围环境

3，4 人们可近距离观察栖息于湿地的候鸟
5，6 设置木栈道，降低环境负担
7 增植当地树种丰富林相

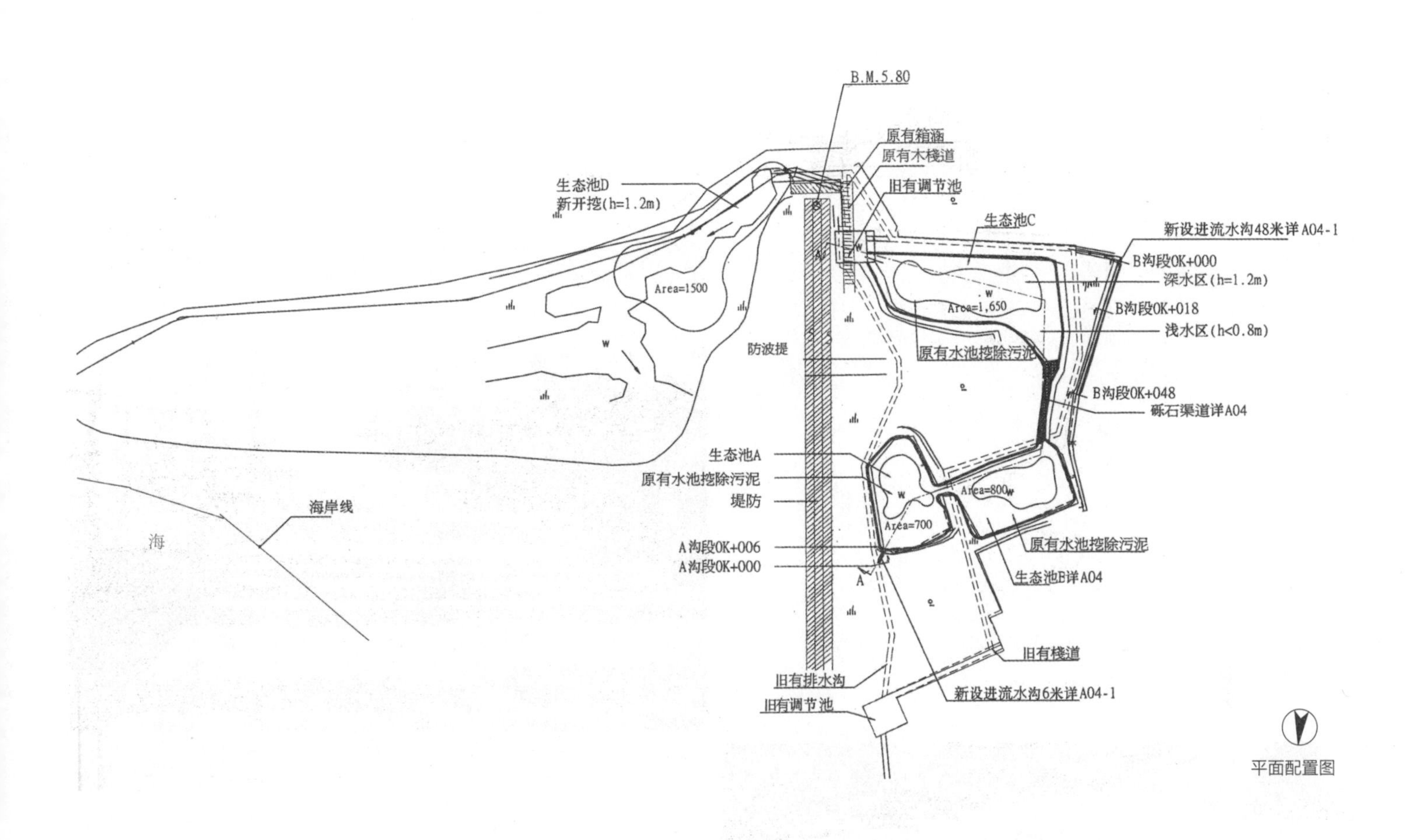
B.M.5.80
原有箱涵
原有木栈道
旧有调节池
生态池D
新开挖(h=1.2m)
生态池C
新设进流水沟48米详A04-1
B沟段0K+000
深水区(h=1.2m)
Area=1500
Area=1,650
B沟段0K+018
浅水区(h<0.8m)
防波提
原有水池挖除污泥
B沟段0K+048
砾石渠道详A04
生态池A
原有水池挖除污泥
堤防
海岸线
海
Area=800
Area=700
原有水池挖除污泥
A沟段0K+006
A沟段0K+000
生态池B详A04
旧有栈道
旧有排水沟
新设进流水沟6米详A04-1
旧有调节池

平面配置图

	8	13		
9	10	14	15	16
11	12			

8～12　破堤后的混凝土块再利用
13～16 海岸观景台

17	19
18	20

17　海堤降低后，人们更能亲近水域

18　混凝土块采用澎湖当地砌咾咕石的传统工法叠砌

19，20 周围湿地

马公市山水地区具有浓厚的农渔村人文风貌，广大的海岸沙滩及海岸湿地景观，在冬天常吸引许多候鸟栖息于此。山水地区的海堤工程已建设多年，相关人士观察就安全考量实在不需要设置如此高的海堤。为缓降海堤，并提升山水湿地功能，由澎湖县政府委托进行规划设计。

在考量全区自然环境、水理分析、结构安全及参考台湾“中山大学”水工模型实验结果，提出“可缓降山水西侧堤防高度”的改善方案，以及堤防两侧填土覆坡及植生绿化的方式，即隐形堤防概念；增加堤内外连通箱涵，联络堤内外湿生地区，使湿地区域于生态及景观上结合为一体。这个缓降海堤方案的配套措施及效益如下。

1.丰富堤内外水域生态，并使人们易于亲近自然

在此改造行动中，过去封闭、互不相通的堤内外的湿地的水体相通后，植生和动物生态也丰富起来；过去高大封闭的海堤被打破、降低，加上步道的串联后，人们可以亲近水域，为居民提供新的公共活动空间，以亲密的距离观察栖息于湿地的候鸟。同时，保留原有植栽群，并设定生态观察区，降低人为干扰湿地生态，也增植当地树种以丰富林相。

2.再利用破堤后的混凝土块，减少废弃物，并展现当地工艺之美

在进行被除部分海堤行动的同时，也示范如何将原有资材现场运用，不造成废弃物对环境的负担。主要有两种运用方式，一是将堤顶混凝土面裁切成矩形的混凝土块，成为堤下小径的松铺步道面材，二是凿除堤身取下的不规则混凝土块，采用澎湖当地砌咾咕石的传统工法叠砌（使用少许水泥砂浆），将废弃物回收再利用在原基地上。

再生的混凝土块叠砌墙有良好的多孔质表面以及较佳的渗透性，提供植栽生长、昆虫栖息的环境。随着时间的流逝，再利用的混凝土块叠砌墙以及混凝土块松铺步道皆已形成植生披覆，原来生硬的混凝土海堤转变成为迷人的工艺作品，并融于自然中。

澎湖山水堤外生态环境再造

业　　主：澎湖县政府
设　　计：大藏联合建筑事务所

设计时间：2010年5月~2010年12月
施工时间：2011年1月~2011年11月

得奖纪录：2012台湾卓越建设奖——最佳环境文化类卓越奖

中型景观案

法鼓山农禅寺
花莲文化创意产业园区户外景观
秋红谷生态景观公园
高雄市甲仙区小林村罹难者纪念公园开辟工程
华山创意文化园区连通廊道及机房新建工程
台湾海洋科技博物馆——主题馆区
台湾博物馆周边景观改善工程
新庄运动休闲中心
驳二艺术特区——西临港线景观绿化休憩工程
台中市立大墩中学及大墩小学
台北市政府转运站
台北国际花卉博览会——新生公园区梦想馆、未来馆与生活馆展馆新建工程
莲潭之云：高雄市翠华路自行车桥
礁溪温泉公园

法鼓山农禅寺

姚仁喜｜大元联合建筑师事务所

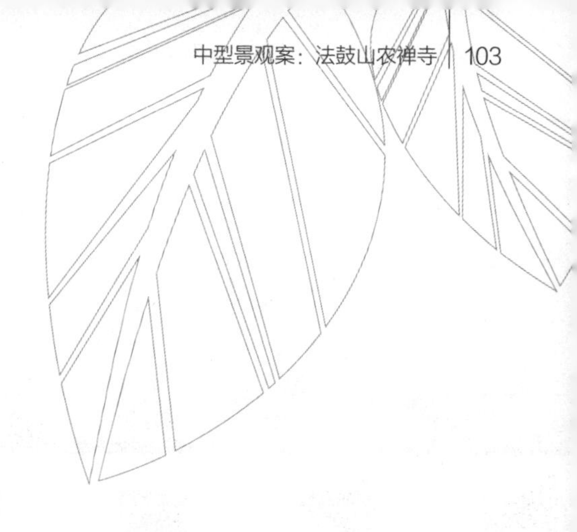

1

1 法鼓山农禅寺全景

左页：提供／法鼓文化，摄影／邓博仁

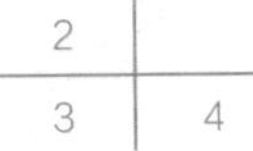

2 两面高度不同的墙，作为与外面高速公路之间的缓冲
3 法鼓山农禅寺全景
4 超大廊柱在池中的倒影，伴随着飞扬其间的金色帘幔，自成一虚幻雅致风光

5 模型图
6 寮房廊道镂空GRC金刚经外墙
7 超大廊柱与金色布幔
8 寮房廊道GRC镂空金刚经外墙
9 大殿廊道
10 寮房廊道镂空GRC金刚经文字倒影

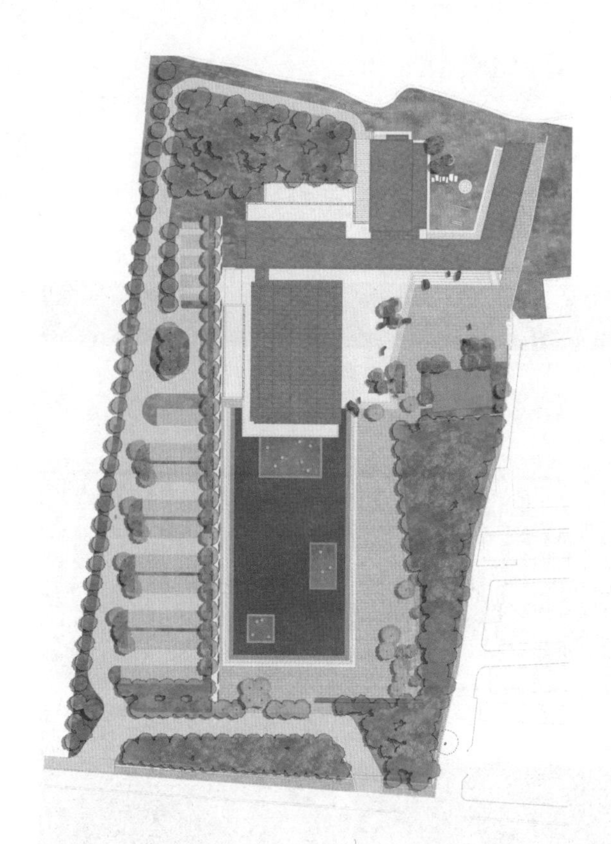
配置图

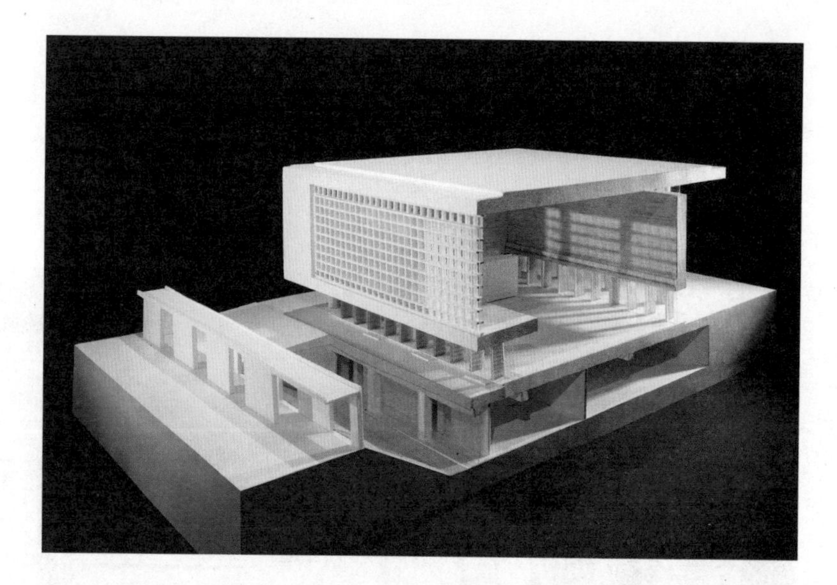

圣严法师："建道场需如'空中花，水中月'。"

农禅寺及法鼓山佛教学院创办人圣严法师在被问及对未来寺庙的想法时表示，他曾在禅定冥想时"看到"寺庙的样貌，"犹如空中花，水中月"，于是他说："取名为水月道场吧。"

坐落于广阔关渡平原的农禅寺水月道场面向基隆河，背倚大屯山；利用这地灵人杰的环境，营造一处清雅幽静的宗教空间。

访客一开始先穿越两面高度不同的墙，作为与外面高速公路之间的缓冲；一进入道场，即能看到远方的主讲堂，静静伫立于 80 米长的荷花池中。超大柱廊在池中的倒影，伴随着飞扬其间的金色帘幔，自成一虚幻雅致风光。主材料利用建筑混凝土，设计上尽量摒除华丽的色彩与装饰，企图传达简朴的禅佛意境。大厅的下半部刻意采用透明设计，为上半部的木头"盒子"带来空悬于上的缥缈灵幻印象。

大厅西面厚实的木墙上用中文刻着著名的"心经"，当阳光透过镂刻的经文洒进来时，空间瞬间充满修养灵性的氛围。长廊外的金刚经则是在 GRC 预制装配板上用混凝土灌的镂空的字，充当遮阳帘使用时更增添宗教意义。阳光照入时，穿透经文，洒落到内部表面，仿佛为众人揭示佛祖的悉心教诲，无声胜有声。

法鼓山农禅寺

业　　主：法鼓山佛教基金会
地　　点：台北市
用　　途：宗教/寺庙

事 务 所：大元联合建筑师事务所
主 持 人：姚仁喜
参与人员：张华倚、李国隆、刘文礼、郭贞莹、李宜芳、戴小芹、周俊仁、林奕亨、张庆宗

顾 问 群

结　　构：杰联国际工程顾问有限公司
水电消防：明智电机工业技事务所
空调排烟：林伸环控设计有限公司
景　　观：禾拓规划设计顾问有限公司
大　　地：富国技术工程（股）公司
灯　　光：大公照明设计顾问公司

施　　工：福住建设股份有限公司
结　　构：钢骨、钢筋混凝土
材　　料：清水混凝土、缅甸柚木、莱姆石、玻璃

基地面积：27,936平方米
建筑面积：3386.41平方米
总楼地板面积：8422.75平方米

设计时间：2006年
施工时间：2010~2012年
完工时间：2012年

得奖纪录：1.2013台湾建筑奖——首奖
2.2013入围WAF世界建筑奖——宗教类
3.2013世界华人建筑师设计大奖学术奖——优秀设计奖

11 | 12 | 13

11，12 模型图
13　　大殿心经墙文字倒影

1，2，4～6，8～13 摄影／郑锦铭
3 提供／法鼓文化，摄影／邓博仁

花莲文化创意产业园区户外景观

第一期工程 方极景观设计有限公司
第二期工程 新开股份有限公司

1

1 造型告示墙夜景

左页：摄影／刘淑瑛

a
zone
互動舞台
花蓮文化創意產業園區

2 | 3 | 4

2 造型告示墙
3 观众看台
4 市集广场

5 老雀榕
6 百年天然涌泉
7 草坪

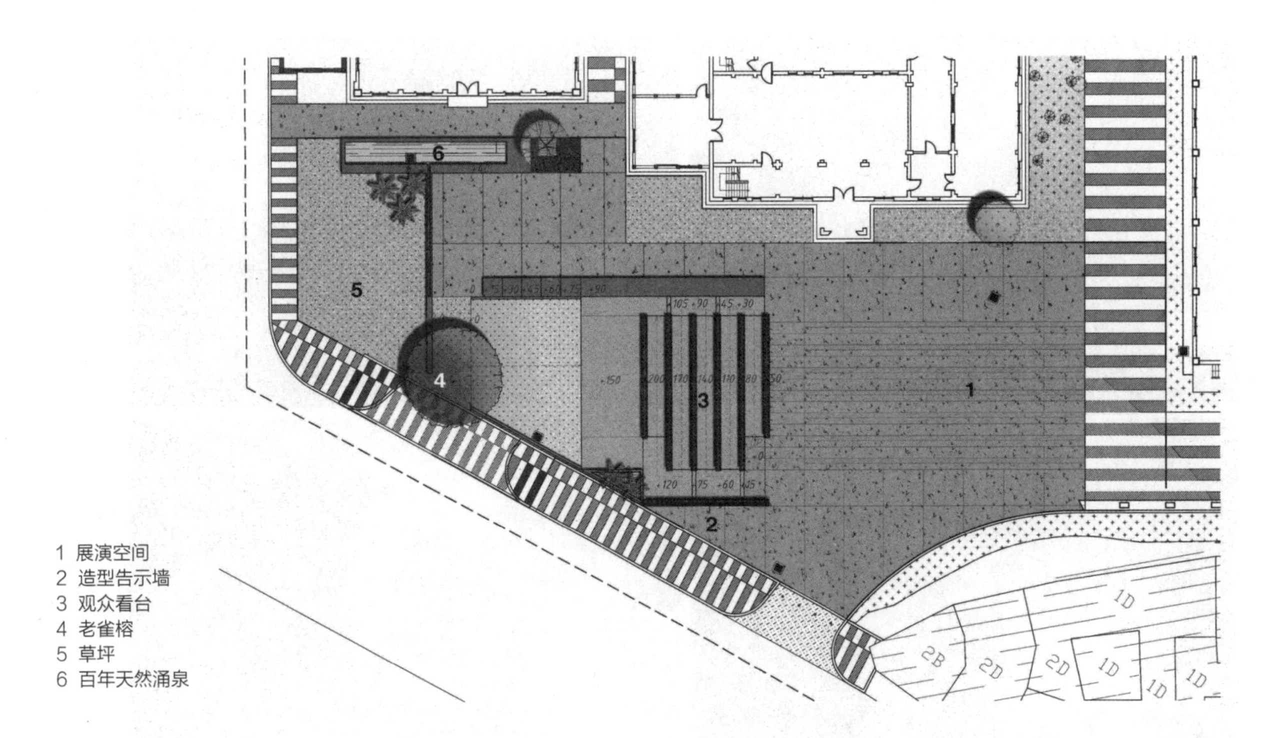

114 广场平面配置图

8 屋顶扩张网夜景
9 市集广场夜景
10 夜间公共艺术品照明
11 趣味标示
12 帆布棚架
13 木栈道
14 建筑物周围草坪植栽

12~14 摄影／刘淑瑛

计划缘起

2011年文化主管部门将花莲文化创意产业园区以ROT案方式公开招标，由新开股份有限公司中标，计划分三年三期陆续整备开放。经营团队于2012年5月通过营运计划审查后，即展开四个月的第一期工程，并于同年10月2日开始第一期试营运。户外景观顺应营运需求，调整原有部分设计，以符合未来空间机能，而产生出本案的改造计划。

花莲文化创意产业园区a区，前身为已有百年历史的花莲酒厂，场址位于花莲市中心，占地3.3公顷。园区包括26栋老厂房仓库，未来空间以展览、演出、餐饮、特色商品、培训讲座、旅游资讯等机能为发展方向，以期创造花莲另一文创产业契机。

经营团队预期通过环境改造，将原有酒厂仓库、天然涌泉、陈年桧木、灰绿老墙及阳光绿荫的庭院等人文特色，重新呈现于世人面前，并通过文艺活动及商业服务，形塑出具备艺术活力、当代生活风格及花东新兴休闲的新焦点。

设计构想

文化创意园区于2006年由文化主管部门接管，即着手清理修葺及环境改造。ROT经营团队考量未来园区多元使用的可能性，除进行仓库内空的修缮外，针对园区入口114广场、市集广场、5栋及15栋屋顶等空间进行重新改造，以期活化户外开放空间的机能。

设计风格以现代极简的方式，单纯而低调地与园区日式历史房舍和仓库融合；现代空间机能利用有机块状造型来塑造空间的多样性，除了作为观众看台使用外，还可成为更多可能性与想象的空间。材质及工法选定与园区朴实的质感相呼应，以天然石材、原木、草皮为主，原色混凝土、洗石子、斩石子、露骨材的交错运用，塑造新旧融合的人文意象。

分区说明

1.114广场

园区主要入口广场被改造成为一个具备活动表演、亲水休憩、资讯展示等多功能的展演空间。大面积露骨材地坪，朴素而具有人文的质感，适合举办户外戏剧、音乐表演等活动，广场中的观众看台，巧妙地将斜坡与走道空间结合，块状看台的细部设计结合机能与美学，让深色铁木座椅和抿石子收边沉稳融入环境中。

侧面临中华路的入口造型告示墙，上方原色钢构框背崁入炭纹原木板，下方墙面呈现出斩石子的质感，以古老的工法，将文化创意园区的名称刻于墙面，配合夜间灯光效果，大气而简约地体现出文化创意园区入口的意象。看台后方老榕树下草坡树荫，天然涌泉池引出一条细细的清凉水道，伴邻4栋a区咖啡香，使得114广场显得轻松而惬意。（小记：老雀榕的移植过程是一个大工程，在众人的祈福下，终于重新挺立于园区之中）

2.市集广场

市集广场户外规划有11栋餐饮／商店，让商业服务延续至户外空间，钢构帆布棚架单元，除整齐区划每个摊位外，白色帆布划出一抹优美的弧线，为市集广场增添一份悠闲和写意之感，仿佛欧洲假日跳蚤市场的氛围。

3.5栋及15栋屋顶

屋顶设置扩张网，主要为修饰和美化冷却水塔量体。格状扩张网的选定，除增加视觉透空度、降低体量感外，单元“Z”形排列方式，让墙面增加重叠深度及视觉立体感，配合夜间灯光效果，营造出现代简约奢华设计风格的视觉焦点。

第二期园区工程

花莲文化创意产业园区第二期园区工程由新开股份有限公司执行，在既有的景观基础上，增加园区内灯光设施、指标设施，铺设草坪，以及持续进行园区内老旧建筑物的内外部修缮。由于历史建筑无法变更其外貌，利用轻钢架等建材，顺应建筑内展览主题进行外墙设计，在不破坏历史建筑的前提下，增加园区的创意气息。

而旧宿舍群周围则保留凤凰木等原生植物，并加栽吉野樱、缅栀（鸡蛋花）等开花植物，赋予园区更丰富的四季面貌。旧木造仓库间也铺上木栈道，并在两侧进行植栽美化，悬吊在空中的白色帆布篷，像是在天空飞舞，晴天或雨天皆有不同风貌，且遮阳遮雨，同时兼具功能性与视觉效果。

花莲文化创意产业园区户外景观

业　　主：新开股份有限公司
地　　点：花莲市中华路144号
用　　途：多功能展演广场

景观设计（第一期）

细部设计：方极景观设计有限公司
细部设计及工程总监：解子建
参 与 者：许智伟、黄歆倩
监　　造：方极景观设计有限公司

施　　工：铨源国际有限公司

材　　料

土　　木：混凝土基础、钢构、阶梯木座椅
铺　　面：露骨材、抿石子、高压透水砖
植　　栽：乔木移植、文殊兰、地毯草

设计时间：2012年5月~2012年7月
施工时间：2012年7月~2012年9月

园区设计（第二期）

设　　计：新开股份有限公司
设 计 者：安郁茜
监　　造：新开股份有限公司
材　　料：木栈道、钢构
植　　栽：吉野樱、缅栀（鸡蛋花）、鼠尾草、台北草

施工时间：2012年10月~2013年6月

秋红谷生态景观公园

台湾余弦建筑师事务所

1

1 巨型都市下凹公园

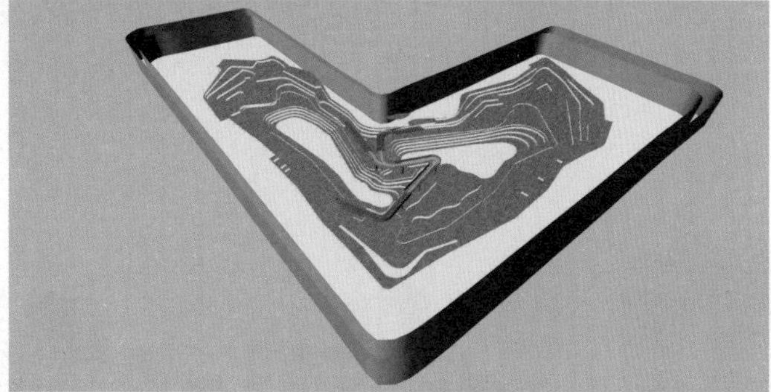

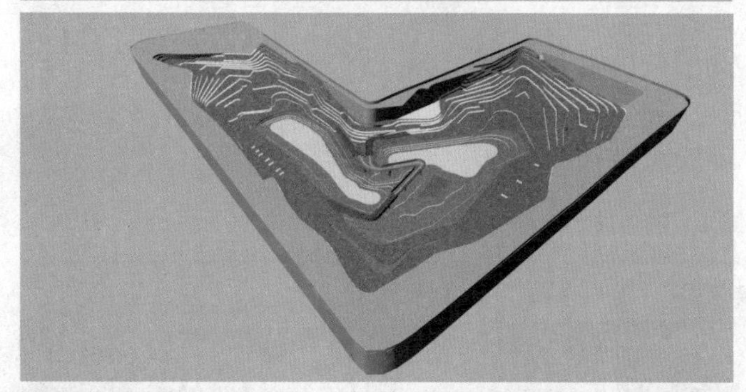

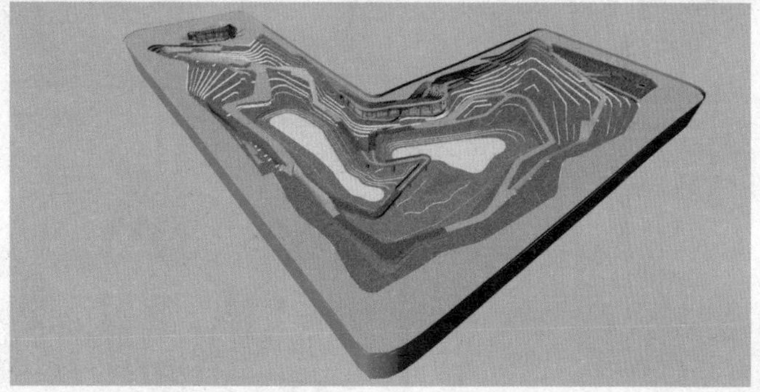

2 3 4 5 | 6

2 人造等高线地景
3 堆叠的地景 -12米
4 堆叠的地景 -8米
5 堆叠的地景 -4米
6 水是空间的核心，是实体，也是虚体

地景变化原则分析

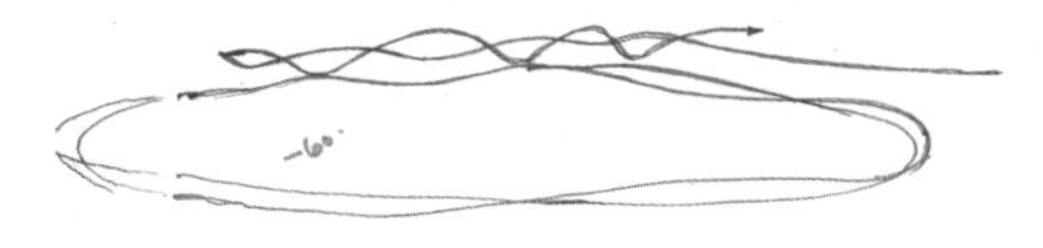

WEAVING - 几何微分及编织的地景

建筑与地景关系类型分析

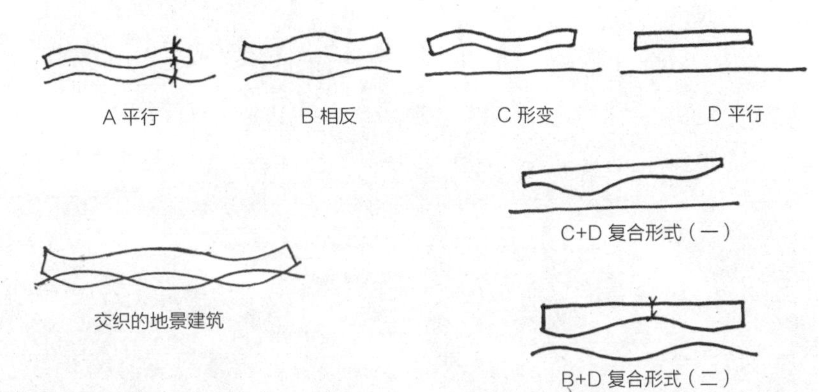

7 INFOR BOX的遮阳板于夜间的光影变化有效地模糊了空间的界线，让内外空间的层次得以延展
8 INFOR BOX遮阳板的多重视角阅读，于日间让中间的走道成为一个时而封闭、时而开放的视觉游戏区
9 简单的地形操作手法，创造出多元的空间效果
10 景观餐厅的入口

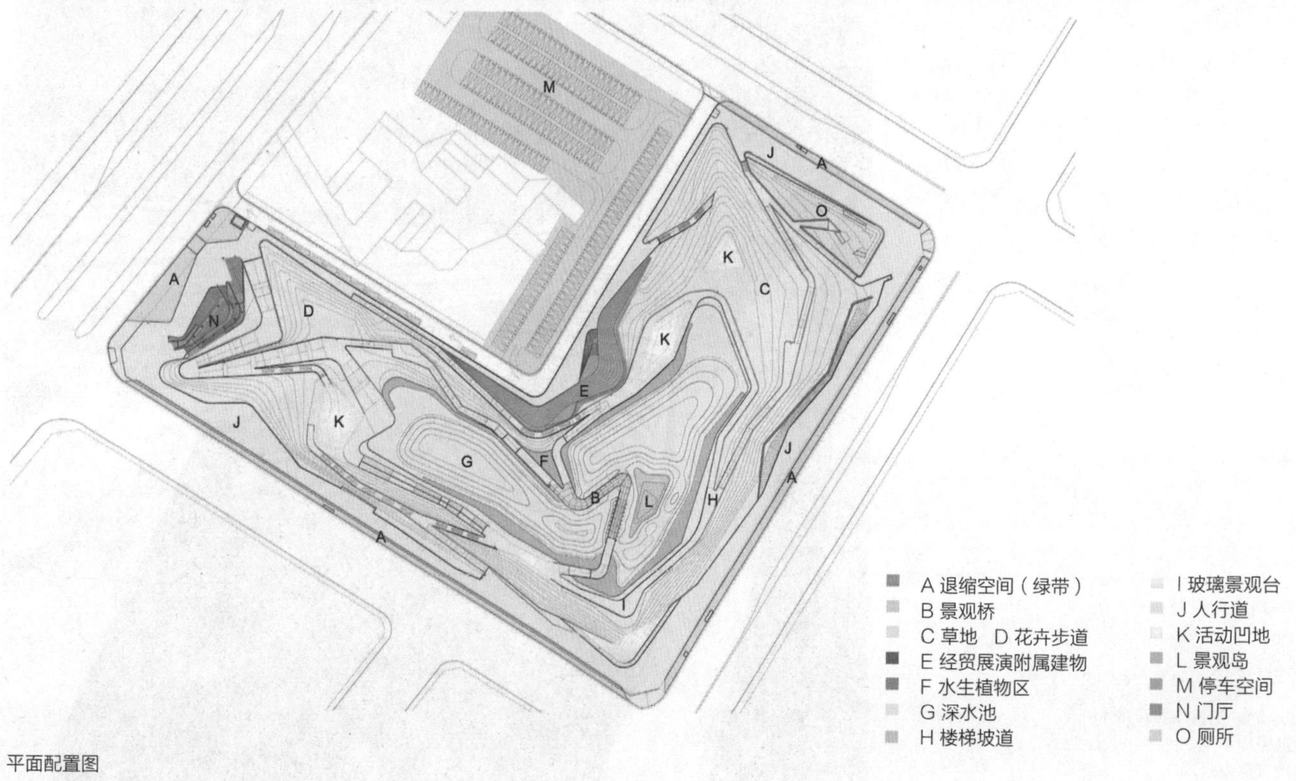
A 退缩空间（绿带）
B 景观桥
C 草地 D 花卉步道
E 经贸展演附属建物
F 水生植物区
G 深水池
H 楼梯坡道
I 玻璃景观台
J 人行道
K 活动凹地
L 景观岛
M 停车空间
N 门厅
O 厕所

平面配置图

秋红谷——是地景，也是建筑，是台中市最大的地景建筑。其前身为国际会议展览中心建筑用地，已开挖地下室；深度达20～21米。建筑设计的策略是以连续渐变的等高线层层堆叠，创造出既是景观也是地景建筑的都市开放空间。

利用回包式挡土墙工法，以细腻的手法，巧妙地创造一个位于都市中心的下凹8米左右的地下地景。中央湖水区最深约12米。地形变化加上四周平均高度约4米的行道树，创造出一个视觉上12米高低差的都市内巨型下凹庭院。

本案建筑形态分为三种，景观厕所是地下建筑；中央主体景观餐厅的一半在地下，而另一半在地上；左上角（漂浮在地表之上）是城市INFO BOX。

剖面的空间交织，是本案的设计概念，上下堆叠的两个等高线，以正弦波及余弦波的方式相互交错堆叠，而平面也呼应这一简单的波形运动，作为大尺度的景观形态的母形。

空间参观动线及序列空间的安排是本案的重点。

由台湾大道侧主要参观坡道进入秋红谷，身体的感知会随着剖面高度的下降，快速地由嘈杂的车水马龙进入安静的地景公园，透视点的控制是体验动线规划的依据，我们试图在受限制的下凹地景公园中，创造出有深度的透视，透视的端景与几何之间的互动原则是如何让空间的边角及界线模糊且富有层次，配合栏杆与遮阳板的几何，在体验的过程中，便会产生平行动线方向视角隐蔽，以及垂直动线方向视角开阔的效果。而构件在不同的视角也会有不同的表现形式：时而封闭，成为建筑量体的延伸；时而开阔，成为景观的前景。

水是空间的核心，是实体，也是虚体。这个都市尺度的空间，在白天，是台中市民在城市中心最大的放松场所；在夜晚，是城市繁荣发展的缩影。“抽象”是最有趣的改写。铺面材质的配置及变化由视觉（抿石子铺面）的体验，转换成声觉（清碎石及南方松地坪）的感受，到杉木屑步道的嗅觉飨宴，秋红谷是台中市民下降8米，脱离城市的最短距离，也是台中市民离开城市的“心灵任意门”。

（文／杨家凯 建筑师）

秋红谷生态景观公园

业　　主：台中市政府
地　　点：台中市西屯区潮洋里8邻台中港路二段125号
用　　途：经贸展演用地
A栋地下1层　门厅入口
A栋地上1层　门厅
B栋地下1层　厕所
C栋地下1层　经贸展演附属建物

建　筑

事 务 所：台湾余弦建筑师事务所
主 持 人：陈宇进、杨家凯
参 与 者：蔡琬琳（专案经理）、陈汉儒（专案设计师）、范舒雅、张守仁、黄匀芳、周荣进、蓝百圻、保琳
监　　造：建筑/谢伯昌建筑师事务所
景观/谷山技术顾问有限公司
承　　造：祥镇营造工程股份有限公司
结　　构：长浩结构技师事务所
水　　电：鸿图工程顾问有限公司、原电电机技师事务所
景　　观：台湾余弦建筑师事务所

基地面积：30,079.13平方米
建筑面积：324.85平方米
楼地板面积：1010.03平方米
层　　数：一层

设计时间：2009~2011年
施工时间：2011年12月~2012年7月

11 都市内“心灵”地景建筑
12 超写实都市内庭景观庭院

高雄市甲仙区小林村罹难者纪念公园开辟工程

王家祥建筑师事务所

1

1 由沉思桥远眺纪念碑

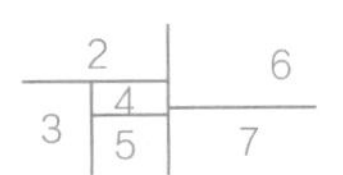

2 小林村纪念公园全景鸟瞰图
3 追思广场
4 纪念碑
5 眺望楼台
6 休憩平台
7 植树纪念区

8	10
9	11

8 小林公祠导引牌楼
9 中央广场
10 沉思桥
11 苦路

沉思橋

原高雄县甲仙乡小林村紧邻旗山溪，2009年8月8日，台湾遭受了前所未有的空前大灾难，莫拉克台风重创台湾南部地区，同年8月9日，小林村被献肚山土石崩落掩埋，造成462位居民罹难，为悼念逝者及抚慰罹难者家属，辟建凭吊场所。

以整体规划的原则，从文化历史、生态景观、交通运输、灾难纪念及永续经营等五个方面切入，通过对罹难者纪念公园的设立与规划，让其他存活的亲友拥有一个追思场所，在心灵上能获得慰藉及舒缓。

县市合并之后由高雄市政府文化局继续执行计划，于规划设计完成后由新建工程处发包及监督工程，于2011年3月开工，2012年4月完工，完工后由高雄市政府养工处维护，总工程经费计约8000万元。

公园内设置小林公祠、追思广场、苦路、眺望楼台、沉思桥与纪念碑等设施。

由入口广场进入，经过苦路、沉思桥、追思广场，在追思广场可远眺小林村遗址，借由空间的形塑，形成一连串的纪念追思轴线，使游客可感受“八八风灾”的时空氛围。

苦路两侧刻上462位罹难者的名字，空间设计由高处往下的阶梯，以转换当时莫拉克台风带来的土石流瞬间淹没了小林村的时空背景，作为主要的空间氛围，使游客亲身感受当时土石流带来的惊恐与无助，并表示对逝者的哀悼之意。

追思广场的纪念碑直径8米，高度9米，是由风灾中顺流而下的献肚山石块堆砌而成，圆锥柱形体与遥望的远山相呼应，借由纪念碑的意象，希望给予村民新生及重建的力量。

从沉思桥上远眺，可看到纪念广场上的纪念碑，与远处的高山及小林村遗址，空间俨然成为一条纪念轴线。

植树纪念区，种植181棵台湾原生种的山樱花树苗，每个树穴都有门牌号码；门牌号码依小林村原址而建，可让逝者有家可归，后代子孙可以凭吊追思；以植栽的永生繁衍，代表亲人重生的开枝散叶。

计划目标

①结合生态与环境教育，提升公园品质。

②规划具有独特性与场所感的开放空间。

③体现纪念公园的文化魅力及人文精神。

执行策略及方法

1.纪念公园范围划设原则

①依据民众参与达成的共识：以公有土地划设纪念公园为原则。

②范围含纳小林地区重要文化、历史、生态资源。

2.执行策略及方法

本计划订定执行策略及方法，作为未来纪念公园择址时的参考依据，说明如下：

（1）拟定纪念公园主题定位。

（2）建立纪念公园发展结构。

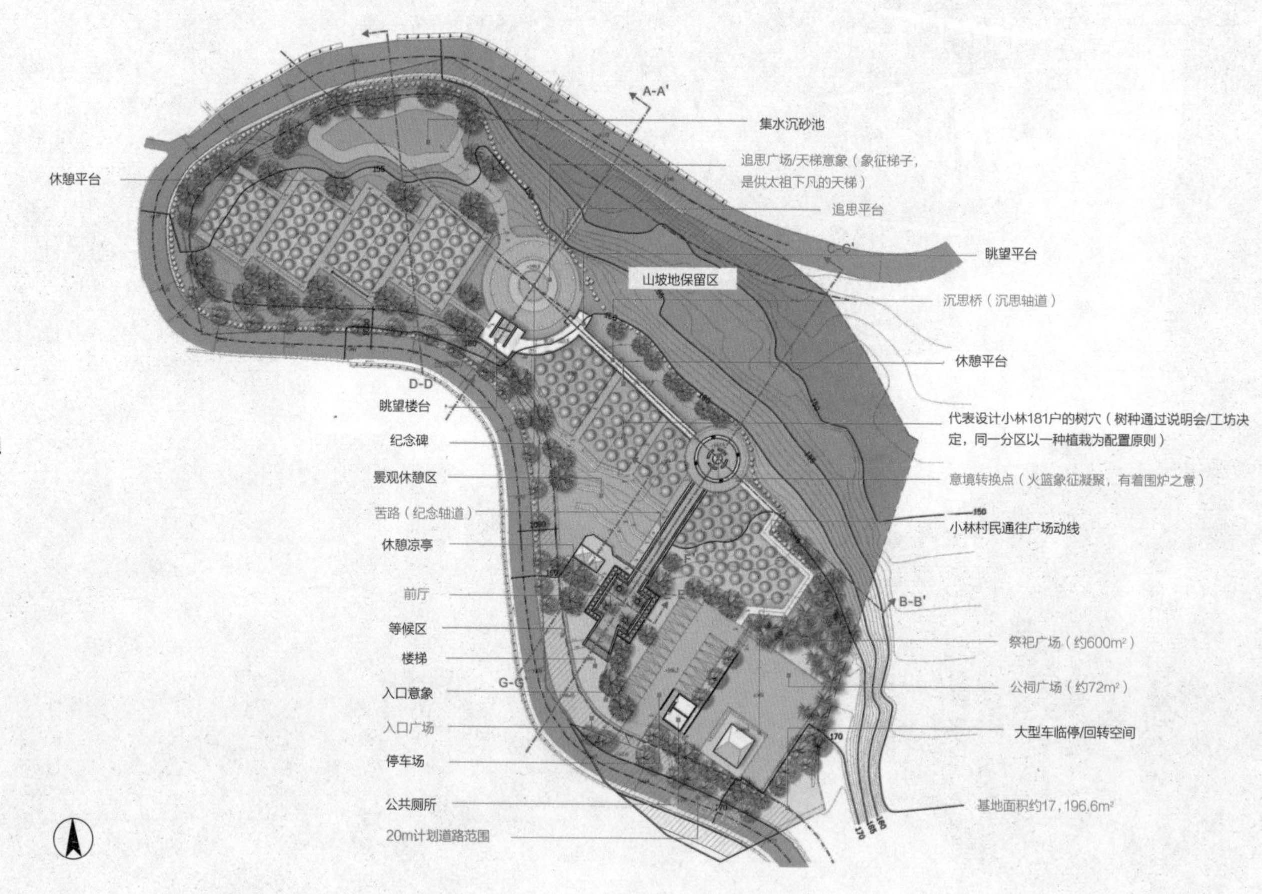

全区配置图　1：2400

①步行环境规划与留设：提供景观优美的步行环境，并以重要活动节点作为串联，强调活动节点与开放空间系统连接的步行环境规划。

②节点空间多样性原则：多样性原则包含形式与使用的多样性。形式多样性在于空间创造，鼓励建筑形式应同中求异，在地景基调下求变化。使用的多样性包含互补活动的多样性，以及各类设施组合的多样性。

③生态与地景保护：保留敏感栖息地与高品质的开放空间，另外应着重景观空间利用以及纪念公园风格的建立。

3.公园广场与绿地规划原则

大面积的开放空间首要考虑的是基地排水与保水，除了铺面材料选用具透水性的特性外，排水道亦可采用草沟或石沟等方式，以增加雨水的渗透率，其次应注意植栽的选种。

12
13

12 入口铭牌
13 入口广场

高雄市甲仙区小林村罹难者纪念公园开辟工程

业　　主：执行单位/高雄市政府文化局、高雄市政府新建工程处
维护单位/高雄市政府养工处
地　　点：高雄市甲仙区五里埔
用　　途：纪念公园

建　　筑

事 务 所：王家祥建筑师事务所
主 持 人：王家祥
参 与 者：王家祥、蔡智充、李建勋、黄惠麟、黄中和、朱文华、黄惠玲、张育铭、陈慧格、陈雅苓
监　　造：王家祥建筑师事务所
土　　木：兆廷结构技师事务所
水　　电：佳鼎电机技师事务所、大立工业技师事务所
照　　明：王家祥建筑师事务所
植　　栽：王家祥建筑师事务所

施　　工：铨元营造有限公司

材　　料

土　　木：栈木、H型钢、漂流木、抿石子、花岗石、彩色釉烧印刷砖、镜面不锈钢板、陶板、原木、镀锌钢板、镀锌钢管
照　　明：景观高灯、灯柱LED投光灯、LED地底灯、LED投光灯、吸顶灯
植　　栽：山樱花、刺桐、大叶山榄、乌桕、落羽松、枫香、苦楝、茄苳、大叶桃花心木、水黄皮、刺竹、山芙蓉、过山香、小叶七里香、树兰、扶桑、黄栀、宫粉仙丹、小叶越橘叶蔓榕、紫背鸭拓草
铺　　面：透水砖、喷砂彩晶平板砖、欧洲石砖、沥青混凝土、植草砖、洗石子界石

基地面积：17,241平方米

设计时间：2010年4月~2011年2月
施工时间：2011年3月~2012年4月

得奖纪录：1.2012国际城市宜居大奖
2.2012园冶奖

华山创意文化园区连通廊道及机房新建工程

邱文杰建筑师事务所 + 庄学能建筑师事务所

1
2

1 散状排水树格栅
2 户外大阶梯侧立面

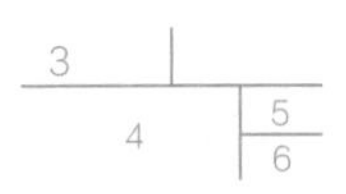

3　保留的树与新建的平台
4　华山黑色广场与平台下骑楼空间
5，6 骑楼量体沿街意象

7 华山黑色广场
8 局部绿墙
9 连通廊道

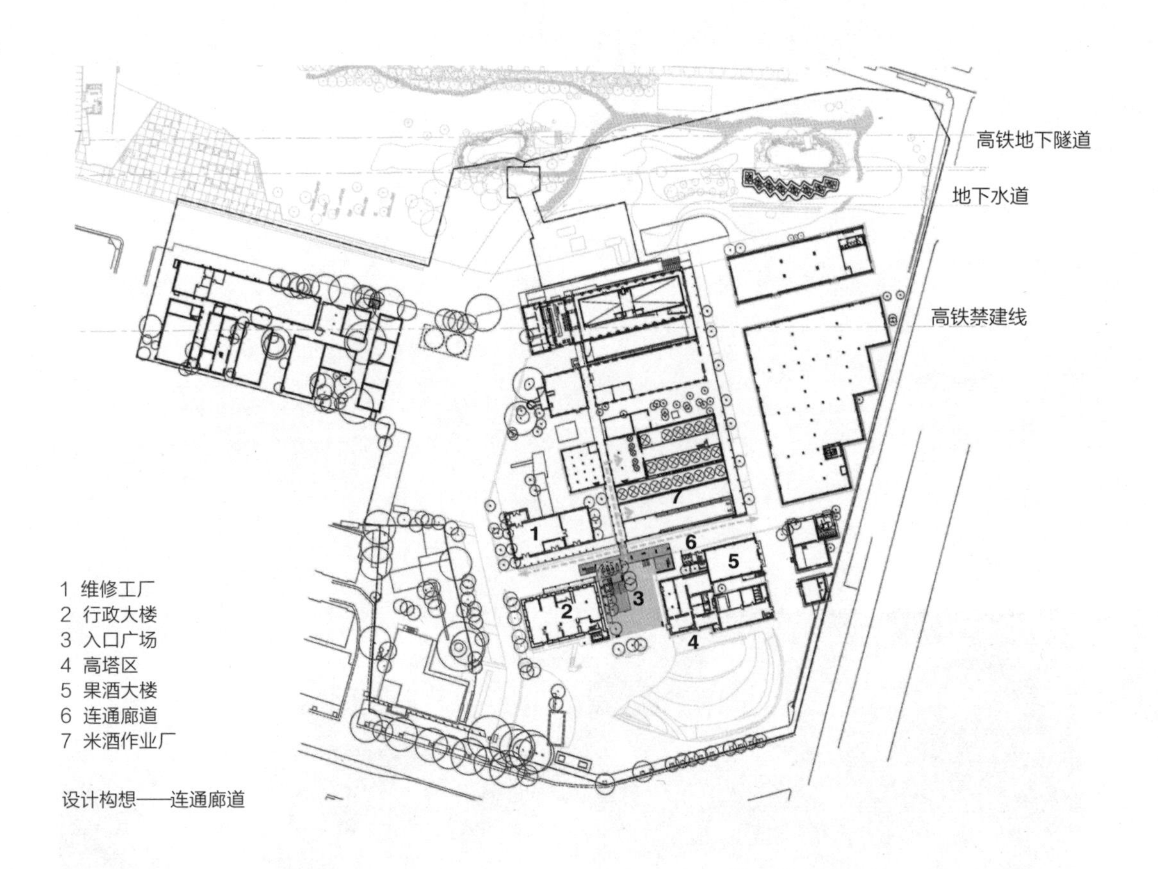

1 维修工厂
2 行政大楼
3 入口广场
4 高塔区
5 果酒大楼
6 连通廊道
7 米酒作业厂

设计构想——连通廊道

黑暗城市之华山千层野台

Plaza of darkness / Space of dust
广场的黑 / 空间的灰

Black hole / super energy
黑洞 / 超能量

想成为一个人来人往而不易被察觉的场所

想不破坏古迹

想一棵树都不要动

理性大于感性但直觉大于理性

柱子是物件的参考坐标（虽然一般人不会在乎）
一横一竖，一竖一竖，一横一竖

一个梯，走人
一个梯，看人
一个梯，坐人
一个电梯，藏人

place for people to gaze, to see, to dance, to gather and to pass...
想成为一个可供人们凝望、观赏、跳舞、聚会、游览的地方

华山创意文化园区连通廊道及机房新建工程

业　　主：台湾文创发展股份有限公司
地　　点：台北市八德路一段1号
用　　途：创意文化专用区

建　筑

事 务 所：邱文杰建筑师事务所＋庄学能建筑师事务所
主 持 人：邱文杰、庄学能
参 与 者：曹方维、方薇、袁以真、宋佳娟、郑至雅、朱泽德

顾　问

结　　构：长浩结构技师事务所
电　　气：吴建兴电机空调技师事务所
照　　明：肯绪照明设计有限公司

营 造 厂：邦兴营造有限公司
建筑材料：黑色洗石子、黑色透水混凝土

基地面积：48,594 平方米
建筑面积：278.30 平方米
总楼地板面积：702.32 平方米
层　　数：地上2层、地下1层

设计时间：2008年12月~2011年7月
施工时间：2011月7月~2012年11月

台湾海洋科技博物馆——主题馆区

仲观联合建筑师事务所

1

1 港湾的渔船记录着八斗子的过去与未来

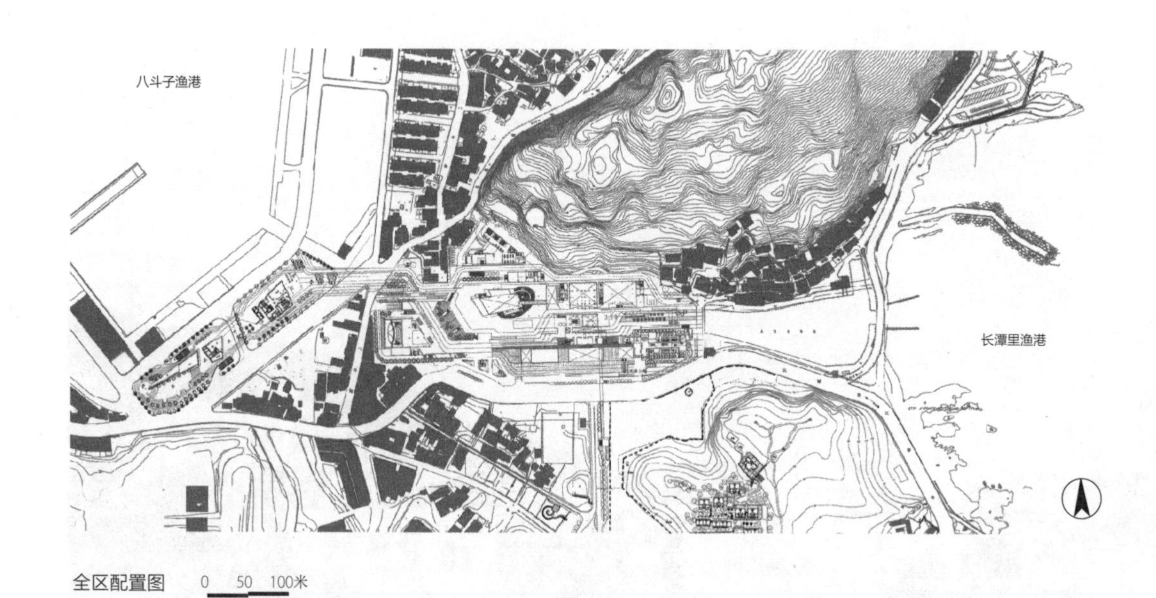

全区配置图 0 50 100米

3 | 4
2 | 5

2　从建筑向外扩展出一层层波浪般的景观设计
3，4 以洋流为发想，通过“流动”形塑空间视觉的变化
5　景观与建筑描绘出“大船出港”的传神景象

6	8
7	9

6 屋顶造型如同片片扬起的船帆
7 墙面结合了鱼鳞跟海浪的形象
8 环境的规划也保留了过去火力发电厂的历史记忆
9 多重的动线串联出不同的空间故事

建筑概念

台湾海洋科技博物馆（以下简称“海科馆”）由林洲民建筑师主持的仲观联合建筑师事务所，以长达八年的时间完成设计、审议，以及施工监督的过程，并协同宗迈建筑师事务所执行监造作业、营造团队大三亿营造股份有限公司进行施工。于2010年，芝加哥建筑学会与欧洲建筑都市建设研究中心举办的国际建筑奖中脱颖而出，并于2012年荣获美国纽约建筑师协会都市设计首奖。建筑规模浩大而细腻，可以说是台湾地区大型文教公共建筑的重要里程碑。

海科馆在初始规划时，最原始的概念是“洋流”。海洋，因为有洋流的温度变化与方向流动，形成更多元、更丰富的海底世界；洋流提供给生态资源重要的串联，于是有了一个关键的概念——“FLOW”。“FLOW”不只是洋流，也是一种流动。通过流动，串联不同的人群；通过流动，形塑空间视觉的变化；通过流动，缔结不同空间的故事。

以历史为基础，以海洋意象为设计主轴

“海科馆”的基地位于八斗子半岛，八斗子半岛与台湾本岛之间，过去由海水东西相通的碧水巷相连，海水串联、流动的基因，其实一直存在于这块基地中。所以，将“洋流”“FLOW”的“流动”作为“海科馆”设计的基础想法。加上建于过去北部火力发电厂的旧址，因此，设计团队纳入历史考量，保留约65%的原始结构，包括20世纪30年代和50年代建造的基座、四座漏煤槽，主题馆等于是新旧建筑的结合。

整座建筑的设计无论外观、内在，都以“海洋”来贯穿，譬如，外墙选用预算较低的抿石子，一方面配合基隆多雨潮湿的天气，另一方面营造出鱼鳞跟海浪的形象，让建筑物有丰富的层次，在晴天和雨天中产生不同的效果，屋顶设计成洋流的流线造型，这些创意都是来自于海洋具有不同的浓淡深浅，设计团队遂将海洋多层次的剖面转化为建筑的立面表情。

内部空间的概念是“海底世界”，林洲民建筑师刻意将空间挑高，玻璃帷幕上置有“海洋气泡”——圆形反光图案，象征海中冒泡的情景。用特殊的工艺技术在玻璃上营造出不同大小且具穿透性的气冠层次，当阳光洒落，穿透玻璃，建筑立面即因光影的变化，在视觉上创造出水气流动于空间中的海洋氛围。

重视视觉穿透性，不限单一出入口，绿建筑银级

该案例同时也在不同高度设计不一样的视觉穿透性，行政中心在南北两侧配置办公空间，公共的中央廊道为东西向，远眺长潭里渔港，另设置四个中庭提供内向视景。当游客穿梭于各个楼层时，可以在建筑的内外充分体会舒适优雅的海洋展览场域。晚上从外面看海科馆，俨然一座正在燃烧的发电厂，外表沉稳厚重，内里却明亮通透。

更特别的是，海科馆不限单一出入口，建筑整体长达200米，高约10层楼，人们可以从任何一处进入或离开，因为紧扣着“流动”的概念在设计。海洋没有方向性，只有深和浅；九个展厅也呈现放射性的路线，邀请人们进入，如海中的鱼群，游到哪里看到哪里。

此外，博物馆外有海洋广场，重要的设计原则是亲水性。设计团队将大型量体往地下设置，使地面展现开阔的气息，并在地面规划亲水广场，以供人们进行亲切舒适的水域活动，降低建筑量体对北宁路可能产生的压迫性。

除了海洋意象，设计团队也非常在乎绿能减碳。即便“海洋科技博物馆”为钢筋混凝土构造，却获得银级绿建筑评比，主要是因为设有大

量植栽与生态池，并且在外观上使用绝缘玻璃，虽然斥资不菲，但能抵抗紫外线，进而调节温度，达到节能的效果。

借由空间传达八斗子精神

至于区域探索馆，作为整个海科馆最前方的建筑，拥有双重使命。一方面它是八斗子的重要地标，由中山高速经由基隆市区来的游客，第一眼就会看见区域探索馆，迎接所有前来参观的游客；另一方面，它包含了渔港及渔船的意象，象征着冲不走、冲不倒的八斗子精神。区域探索馆是博物馆的入口处，也是糅合地方特色的建筑物。

犹如大海一样，区域探索馆没有强制性的动线设计。游客可以从台二线顺着坡道，来到二楼，也可以由八斗子渔港，散步至一楼挑高的半户外空间，不论是自哪个入口进入，都会发现，区域探索馆并不是个只有单一出入方向的建筑。一楼到四楼，每个楼层都以不同的方式，将展览与居民联系起来。一楼的无封闭挑高空间，供社区居民晨起运动、自由使用，二楼为游客中心，能够欣赏日落美景，三楼作为认识地方区域特色的展区，四楼规划成餐厅。希望借此让博物馆不再是道貌岸然的冰冷建筑物，而是每个人每天的生活空间，百分之百属于当地居民及来此参观的游客。

区域探索馆如同序曲般，是引导游客进入海洋科技博物馆的第一个宣言。我们希望它像窗口一样，让参观者准备好心情，认识台湾地区第一座最完整的海洋科学与科技博物馆；也希望它像镜子一样，让台湾地区居民有机会回望自己所拥有的丰富资源、秀丽景致和人文历史。区域探索馆由严肃到轻松，不以说教的态度让人们了解海洋，是在最轻松的空间里，自然而然地和海洋文化互动，领略八斗子的精神，亲近这块被海滋养的土地。

台湾海洋科技博物馆——主题馆区

业　　主：台湾海洋科技博物馆筹备处
地　　点：基隆市长潭里4邻北宁路367号
用　　途：博物馆

建　筑

事 务 所：仲观联合建筑师事务所
主 持 人：林洲民
监　　造：宗迈建筑师事务所
结　　构：哥伦布工程顾问有限公司
水　　电：冠远电机技师事务所
空　　调：林伸环控设计有限公司
室　　内：仲观设计顾问有限公司
景　　观：仲观设计顾问有限公司

施　工

建　　筑：大三亿营造股份有限公司
水　　电：宗阳工程股份有限公司
空　　调：宗阳工程股份有限公司
室　　内：大三亿营造股份有限公司
景　　观：大三亿营造股份有限公司

材　　料：帷幕、抿石子、石材、岗石地砖

基地面积：55,188.59 平方米
建筑面积：17,051.89 平方米
楼地板面积：58,363.066 平方米
层　　数：8层

施工时间：2009年2月~2012年8月

10 宛如大船般的建筑与地景艺术相互辉映
11 座椅设计如洋流般流动的线条

台湾博物馆周边景观改善工程

仲观设计顾问有限公司

1

1 东侧入口广场

左页：摄影／杨越涵

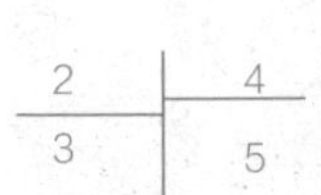

2 日之丘活动平台
3 人行道由西向东的视角（右侧为铜雕座椅平台及腾云号展示区）
4 台湾博物馆大门展示光墙及入口广场
5 风之丘活动平台入口

6	7	11
8	9 / 10	12

6，7 铜雕步道平台
8 杏坛背墙造景区
9 砂之丘活动平台
10 石堆展示区（原防空洞）
11 风之丘活动平台
12 杏坛活动广场

捐血救人
捐血日期：
捐血地

公車停靠區
公車停靠區

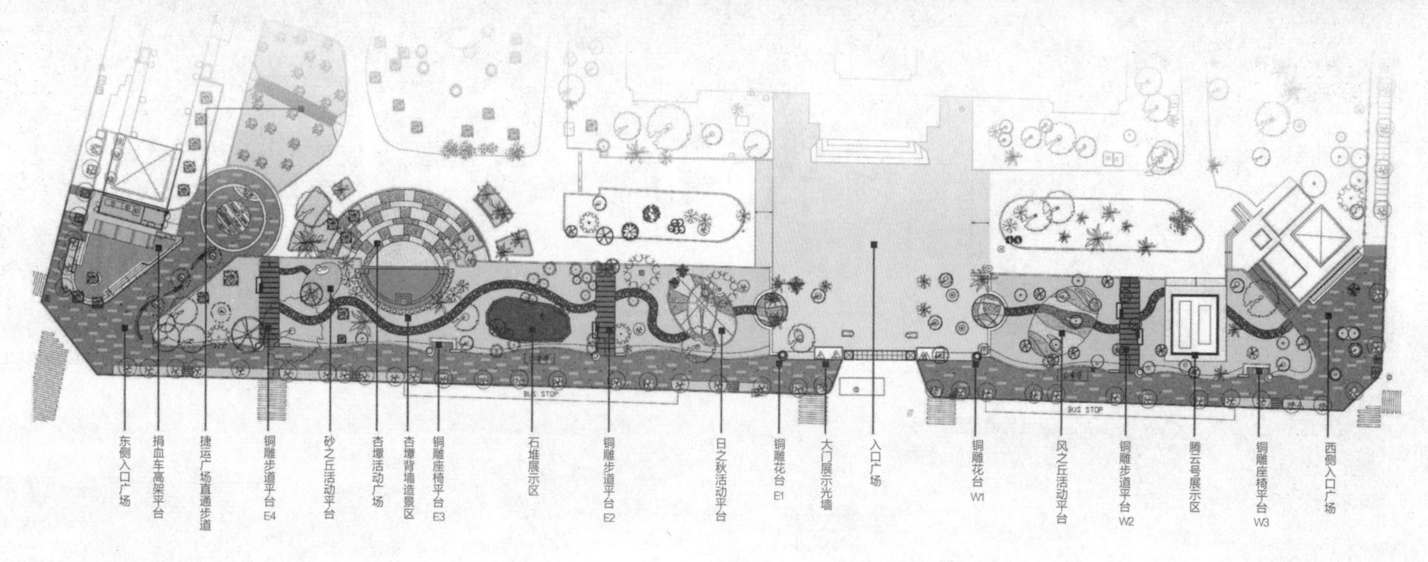
BUS STOP
BUS STOP
东侧入口广场
捐血车高架平台
捷运广场直通步道
铜雕步道平台 E4
砂之丘活动平台
杏坛活动广场
杏坛背墙造景区
铜雕座椅平台 E3
石堆展示区
铜雕步道平台 E2
日之秋活动平台
铜雕花台 E1
大门展示光墙
入口广场
铜雕花台 W1
风之丘活动平台
铜雕步道平台 W2
腾云号展示区
铜雕座椅平台 W3
西侧入口广场

平面配置图

13 | 14 | 16
15 | 17

13 改造前：现公车亭位置
14 改造前：现东侧入口处
15 全区俯瞰图
16 捐血车高架平台
17 造型座椅

13,14 提供／青年公园管理所
4,7~12,16,17 摄影／杨越涵

此案坐落于台北城中央位置，配合周围台北旧城的古迹与文化资产，是繁忙的核心区、最重要的开放绿地，是完整呈现台湾历史、建筑与文化百年来总体的缩影。

转变

此案针对台湾博物馆周边景观进行设计规划，涵盖范围为襄阳路南侧以南的台湾博物馆正门前方横向带状区域，西至公园路，东至怀宁街。在规划设计之前，旧有公园受围篱隔离的影响，公园与邻街商圈无法连接，因此产生各种阴暗的角落。博物馆前方的区域，除了花岗岩铺面广场及两侧的石材座椅外，其余的区域经历各种时期不同的建设，留下各种新旧设施，造成旧公园紊乱的景观。对公园内不同的使用人群来说，穿越与休憩的空间需要加以改善，而散落于公园内四处的历史文物也需要整合。

构想

①打开公园围篱，营造开放的都市景观与通行路线。

②连续绿带，提供公园静态休憩与缓冲空间。

③运用绿地，保留既有树木护育公园生态环境。

④提供市民多样化的城市活动空间。

⑤公园设施与自然史博物馆意象结合。

⑥融合既有历史文物的空间设计。

整体空间改造的意象，除提供周边居民及上班族公园景观活动空间之外，并希冀由博物馆文化资源，引发新的市民文化活动，创造出特殊的城市文化景观。

台湾博物馆周边景观改善工程

业　　主：台湾博物馆
地　　点：台北市襄阳路2号
用　　途：穿越与休憩空间

事 务 所：仲观设计顾问有限公司
施工单位：台湾京威营造工程有限公司

完工时间：2008年5月30日

得奖纪录：2009第八届台北市都市景观大奖——特别奖

新庄运动休闲中心

竹间联合建筑师事务所＋达观规划设计顾问有限公司

1

1 绿屋顶由最顶层往下的视角，远景为新庄体育馆

左页：摄影／刘淑瑛

新莊國民
運動中心

2 和兴街与公园路的主入口广场
3 亲子报时钟水景设施
4 由地面向上延伸的绿色屋顶，犹如被掀起的地面
5 蜿蜒于屋顶的步道，体验错落的空间层次
6 借景于户外景观的室内跑道

7 | 8 / 9 / 10

7　拾级而上，人们将化为地景的一部分
8　运动中心以流线外观融入地景
9，10 以木平台拉近人为设计与自然间的距离

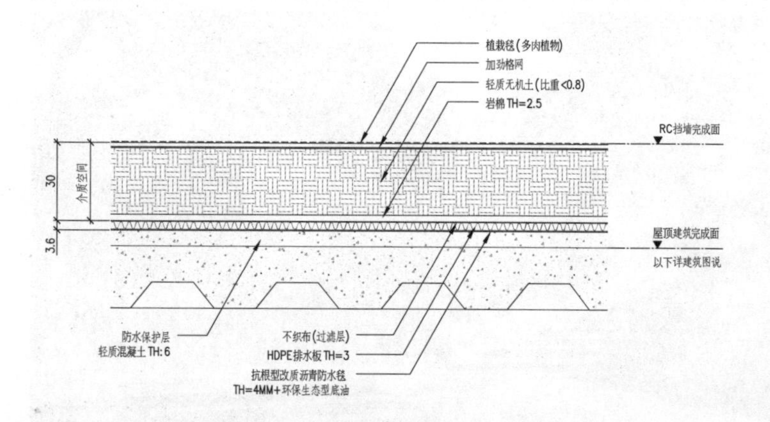

典型屋顶植栽区域剖面图

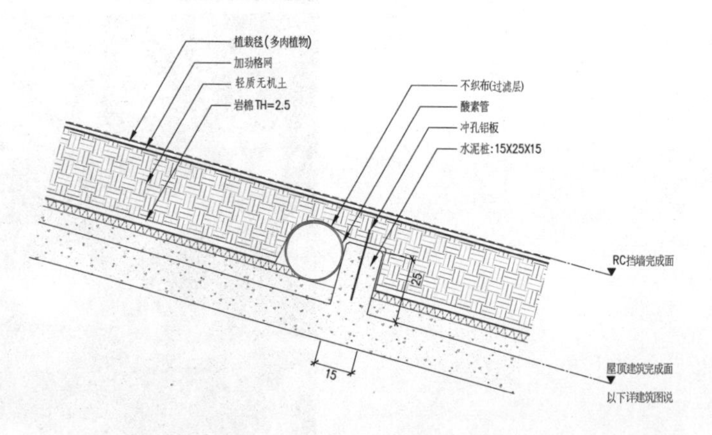

导流水泥桩剖面图

11，13 从第三层绿屋顶望向最顶层平台
12 第二层绿屋顶平台
14 通往最顶层绿屋顶走道上往下望的视角
15 连接第二、第三层绿屋顶的木阶梯

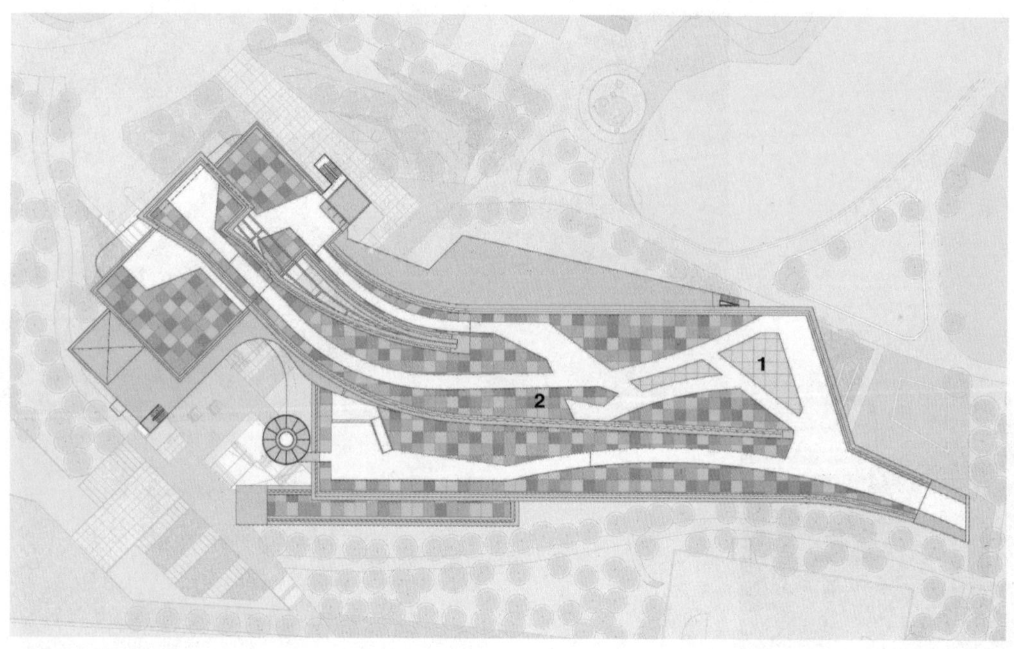

1 类地毯草
2 松叶景天30%
蔓花生30%
越橘蔓叶榕20%
小花松叶牡丹10%
垂盆草10%

屋顶景观植栽配置图

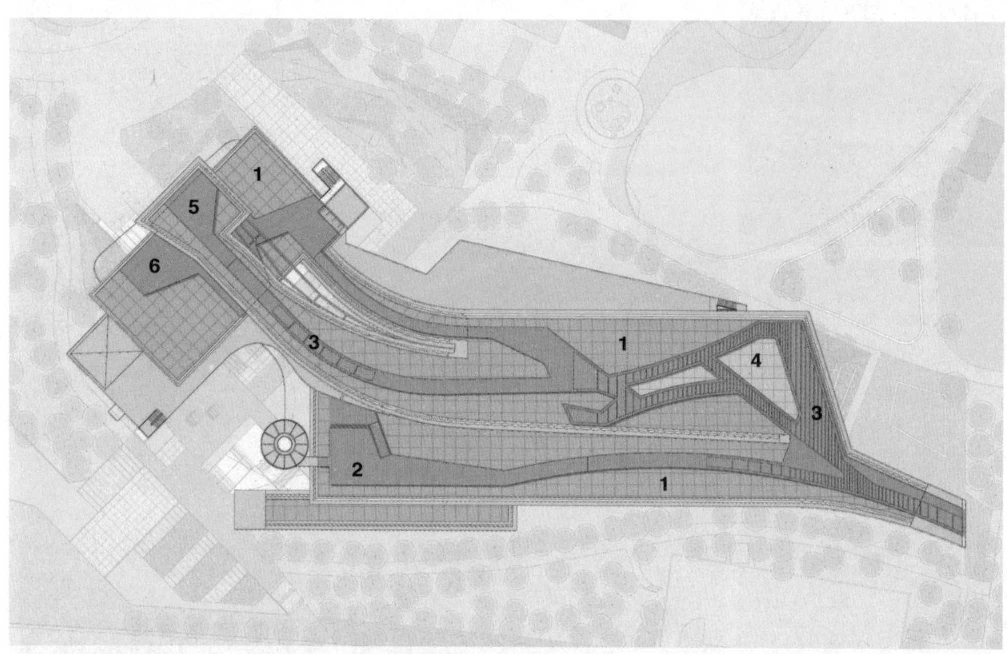

1 绿屋顶
2 屋顶木平台
3 屋顶木阶梯
4 休憩草坪
5 顶楼观景平台
6 户外咖啡吧

屋顶景观平面配置图

16 | 17 / 18

16　　景观水池
17，18 或走或站或坐，人们可以不同的方式亲近建筑与自然
2，5，6 摄影／李国民
1，3，4，7~15，17，18 摄影／刘淑瑛

新庄运动休闲中心基地位于新庄运动公园内，基地绿草如茵，林木茂盛，丘地错落，小径成迹，多年来作为新庄市民散步、慢跑、运动的休闲场域，基地若再以传统方式打造运动休闲中心，大型建筑量体将使公园的开放空间更加狭窄且破碎。

因此整体设计希望重新将绿地还给市民，将建筑碎化后，市民可穿越建筑底层挑空进入公园，延续运动公园原本为开放空间的精神，而建筑量体则以地景建筑的概念，掀地而起，建筑物的屋顶成为由地面剪折而起的人工地盘，提供将近300多平方米的屋顶花园。

屋顶除了配合建筑流线型的绿化特色之外，亦提供跑步、登山这样的活动，屋顶融为公园地景的一部分，保留且扩大了原有公园的运动空间，结合户外运动的氛围成为本运动休闲中心独特的空间。

运动中心本身则成为绿建筑的典范，屋顶绿化除了提供绿色环境，也能起到隔热的作用，不同建筑方位，顺应日照关系，各有相异表情，南向以BIPV（建筑结合太阳能）原则，以太阳能玻璃（褐橘色部分）吸收太阳热能发电，遮阳后并可透光，使游泳池区有了透亮的氛围，西向室内为陆上运动球馆，可遮阳并免光害，以斜向北向的垂直遮阳，并引入稳定的自然光源；东向多覆以屋顶绿化草坡，北向则大量开窗引入自然光并扩展公园的视野。

新庄运动休闲中心

业　　主：忠明营造工程股份有限公司
地　　点：新北市新庄区
用　　途：大型公共建筑户外空间
建筑设计：竹间联合建筑师事务所

景观设计

事 务 所：达观规划设计顾问有限公司
参 与 者：吴忠勋、大森寿雅、罗光佑

施　　工：忠明营造工程股份有限公司

材　　料：透水砖铺面、木平台、RC结构、钢结构、水池/水景、街道家具、栏杆喷灌系统、排水系统、照明系统、植栽等

设计时间：2011年3月~2011年10月
施工时间：2011年11月~2012年11月

驳二艺术特区
——西临港线景观绿化休憩工程

上禾景观设计有限公司

1

1 环境减量后人与环境更加亲近

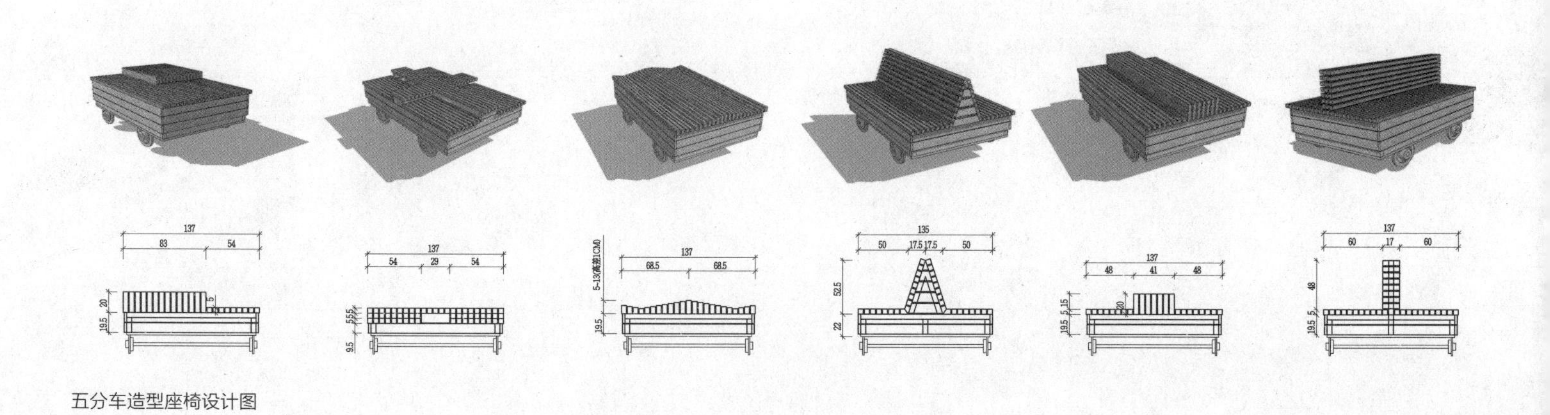

五分车造型座椅设计图

2 趣味性铁路平交道设施
3 以木质围篱的古朴形象形塑铁道环境，遮掩凌乱的私人空间
4~6 五分车造型座椅

7 可自由选择座椅高度的休憩木平台，并保留既有成荫乔木
8 配合艺术作品“尢尢”设置草坪绿带造型
9 艺术作品“尢尢”
10,11 休憩木平台夜间以朝地面式照射的灯光打亮

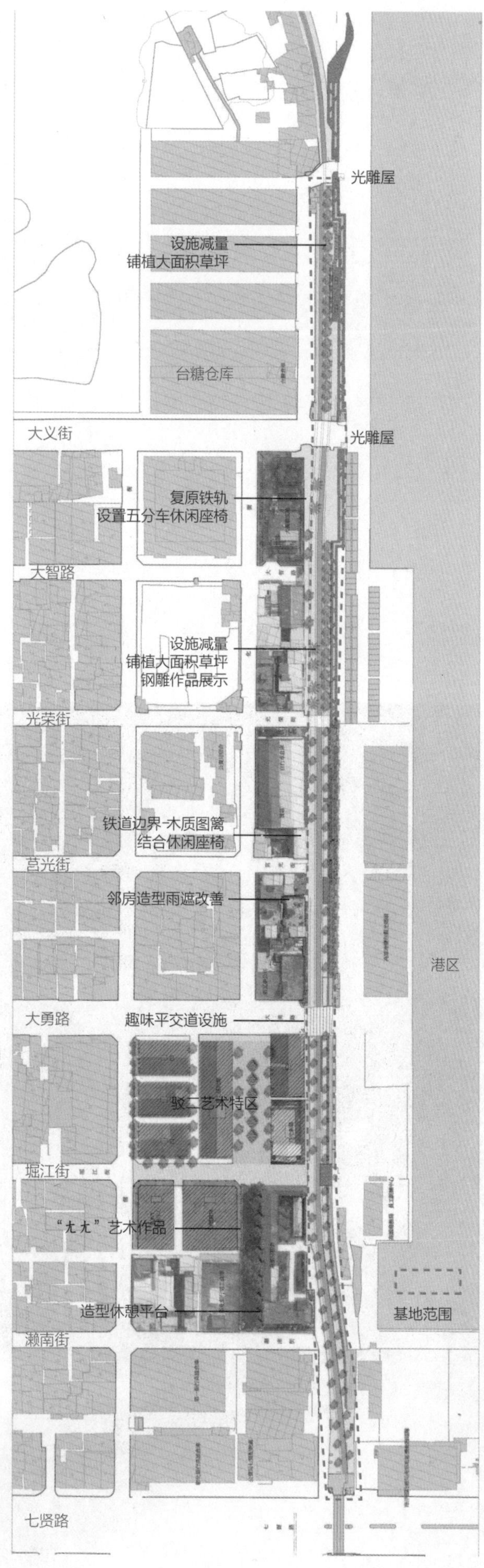
光雕屋
设施减量
铺植大面积草坪
台糖仓库
大义街
光雕屋
复原铁轨
设置五分车休闲座椅
大智路
设施减量
铺植大面积草坪
钢雕作品展示
光荣街
铁道边界-木质图篱
结合休闲座椅
莒光街
邻房造型雨遮改善
港区
大勇路
趣味平交道设施
驳二艺术特区
堀江街
“九九”艺术作品
造型休憩平台
基地范围
濑南街
七贤路

平面图

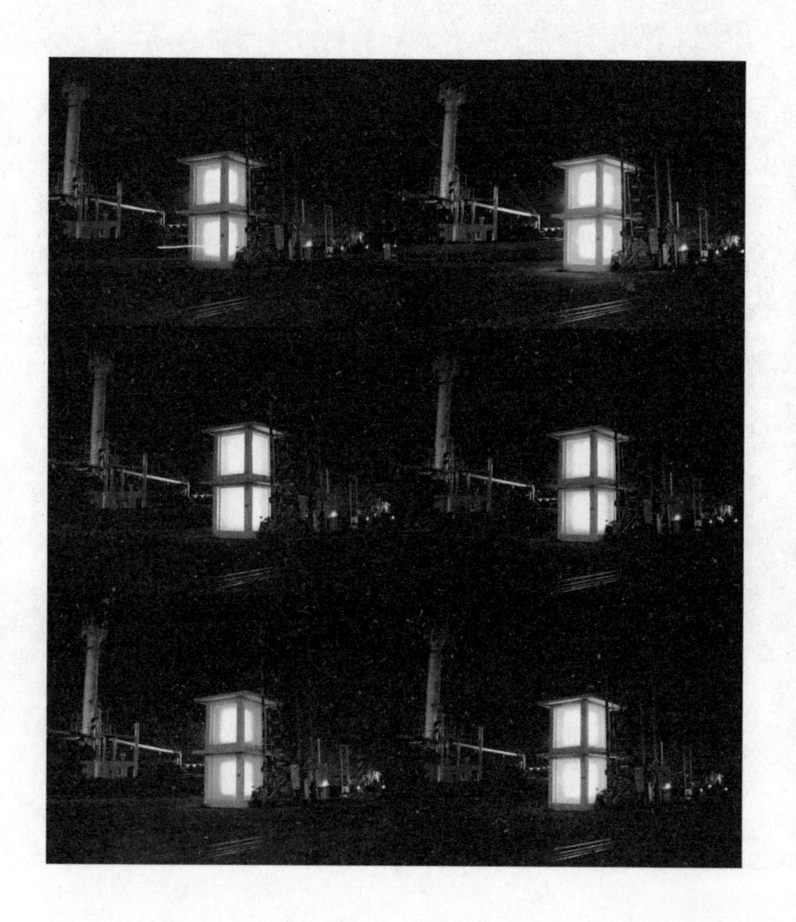

12,13 既有港湾哨亭改造为夜间地标“光雕屋”
14 环境减量与草坪铺植凸显艺术作品的美感

高雄驳二艺术特区为原高雄港二号接驳码头。近几年通过艺术文化的展演与工艺创意的投入，跃升为南部地区相当著名的文艺展演场所，是高雄国际艺术交流的平台，同时也记录着高雄城市生活发展史的脉络，以及建设新高雄的艺术纹理。

本案基地主要目的是期望通过环境整理与设施减量，提升都市的生活休闲与环境空间品质，并带动文化创意产业、观光旅游产业及经贸产业的发展。另外，如何把空间转换为弹性的户外展演场域，是本案一大挑战。

闲置空间活化再利用

位于园区月光剧场旁，艺术广场延伸区域的港务局宿舍闲置空地，具有优美成荫的大型乔木。设计保留既有大树，搭配高度多变的木平台，形塑出类似舞台效果的休闲区，让大小朋友可自由选择多元的休憩方式。以艺术家设计的作品“ㄤㄤ”（ㄤ发音为ang）搭配弧线形的绿地空间，使市民更易亲近展示作品，符合“ㄤㄤ”予人亲切十足的可爱形象。

环境的“简”与“亮”

西临港线自行车道场域是常见的“狭长形”铁道空间类型，因场地的限制导致无法凸显户外展示的艺品之美。本设计团队以简洁、明亮的设计概念，整合老旧凌乱的边界空间，并大面积铺植草坪，减少高矮不均的灌木，彰显原始铁道的历史纹理。

铁道文化的展示与转换

西临港线为高雄早期发展的象征，与邻房边界采用质朴的原木围篱形塑铁道空间场域，以简单分明的空间感凸显艺术作品的美感。园区内既有的老旧港湾哨亭，通过简易的修缮维持哨亭原始的风貌，并增加灯光设备，成为夜间光彩变幻的“光雕屋”。铁道旁老旧的“五分车”转变成多变实用的造型休憩座椅。为了管制自行车与行人的活动，复原既有铁路平交道设施，增加市民的互动性与趣味性。

驳二艺术特区——西临港线景观绿化休憩工程

业　主：高雄市政府文化局
地　点：高雄市盐埕区驳二艺术特区
用　途：艺文展示场域、休闲绿地

景观设计

事 务 所：上禾景观设计有限公司
主 持 人：陈怡璋
参 与 者：罗文亮、锺佩容、王筱柔、王琮玮、郭峙廷
监　造：陈文寿、涂志宗
土木、植栽：上禾景观设计有限公司
水　电：佳鼎电机技师事务所

施　工：德佳营造有限公司、上纶营造有限公司

材　料

土　木：美洲铁木、铁轨、不锈钢金属材、玻璃
照　明：木平台效果T2日光灯管、铁道矮灯、投射灯
植　栽：既有大乔木保留、新植榄仁、黄金金露花、薜荔
铺　面：草坪、花岗岩、透水砖

基地面积：约1.46公顷

设计时间：2011年
施工时间：2012年完工

台中市立大墩中学及大墩小学

姜乐静建筑师事务所

1

1 构思手绘图

2/3 | 4 | 5

2 大墩小学蛋形活动中心外墙
3 大墩小学主校门
4 结合公共艺术“爱的飞翔”的中庭（艺术家：李昀珊）
5 活泼的波妞中庭吸引学童伫留

6	7	9
8		10

6 以广场缓和道路夹成的60°角
7 低缓土丘供学童跑跳
8 钢桥连接校舍与游戏土丘
9 涵管创造出专属小角落
10 土丘展现地形起伏的乐趣

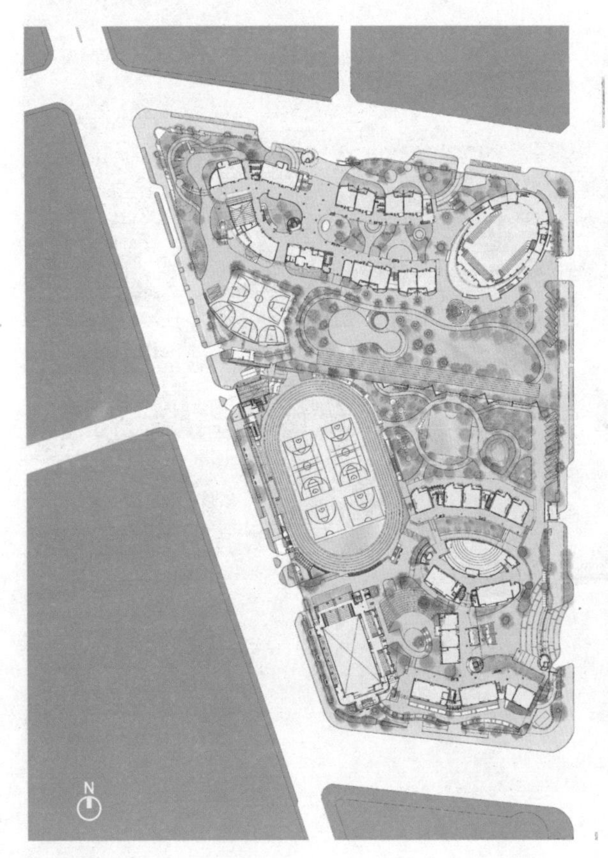

全区配置图

11	13
12	14

11 集结南屯风光的公共艺术“看见大墩”（艺术家：杨尊智）
12 有着明亮烤漆栏杆的半月通桥
13 结合休憩木平台的校史室
14 下挖的扇形阶梯广场拥抱户外小舞台

15 | 18
16
17

15 大墩中学操场一隅
16 钢构雨庇也是提供遮阴的爬藤花架
17 校园操场与道路界面开放，并引采光至地下层
18 远眺校园全景

大墩中学及大墩小学是新设校，位于台中市南屯区，属七期重划区范围内。南屯区自18世纪以来，就陆续有移民移入屯垦，成为现在台中市辖区里最早开发的地区之一。大墩中学及大墩小学全区的设计，就是尝试突破市地重划的正交分割系统，恢复往昔丰富的土地高程变化，让孩子们有机会体验小溪、田埂、草坡、湿地的情境，真正认识这片土地的风貌。

校地街廓完整而大型，最短边约达110米（东西向），最长边约达300米（南北向），原为市政府棒球场用地，西侧集合住宅高楼林立，东侧则有10层楼高的台中邮件处理中心，位于一北一南的大墩小学与大墩中学，被高耸的量体群夹在中间，我们必须让这两所新学校，从都市私有化、垂直化发展的制约中释放出来，以滑顺柔和的曲线、层递低缓的配置，还给这个城市更多的公共性，成为大小市民们友善的做梦容器。

学校是孩子们与世界打交道的一个初始的重要场所，在这里除了汲取知识以外，更需学习如何与他人共处。因此，量体内部刻意塑造多层次的空间变化，利用挑空让楼上楼下可以互望与沟通，也可以仰望湛蓝的天空；孩子们跑跳穿梭在廊道、景观平台小区以及教室后方球场之间，玩游戏之余，也能趁机认识别班同学；尺度适中的中庭空间则可进行集会活动，也可小聚聊天或表演分享；校舍栋距控制为15~20米，形成在大地上舒展开来的校园，采光通风之余避免教学上的彼此干扰，但也不致造成疏离感。

在该项目设计上的拿捏，我们试图为两校带出不同的表情，大墩小学布局较为内聚，以给予幼龄孩童另一个家般的安全感；大墩中学配置则较外张，为迅速发育的学子们提供各种领域的开放空间，鼓励其探索的勇气。两校各自独立却又相连，同中求异。位处两校之间的大墩中学地下停车场，地面层为中学的操场，地下两层为停车场区域，除满足社区停车需求以外，亦肩负了缝合两校的使命。该区域高程通过细腻整合，让北高南低的两校之间动线顺畅无碍，并以带状绿篱区分小学与中学，保护管制下视觉仍能穿透，遇举办大型活动或满足都市防灾需求，都可以将此街廓视为一个整体来进行规划，保持都市绿带

的弹性特质；部分利用挑空光井，渐次引入新鲜空气与自然光进入地下层，确保停车空间品质与安全性；以复层植栽结合钢构棚架，形成舒适的操场看台区，也为高楼夹道的河南路侧描绘出更优美而谦逊的天际线。

校园内以植物色彩增加区域特色，如枫香运动跑道、教室后花园的山樱、放学等候区的美人树等，不同季节有着不同风貌，使校园生活与四季变化紧密联结。植栽的选择上尽量以诱鸟诱蝶、容易维护的当地原生树种为主。这些色彩及气味多元的乔木灌木，配合特意在地面以朽木或石块布置的多孔隙环境，形成丰富而稳定的生态基盘，为学生提供很好的动植物观察区。除此之外，大量利用基地开挖时产生的土方转作覆土草坡，增加绿地的使用面积，土丘让孩子可以感受地形起伏的乐趣，在土丘防护下也有了不受车流噪声及废气干扰的活动区块。

我们视大墩中学及大墩小学为重要的社区集会点，期望与都市形成良好呼应。除了校园沿街面后退约8米、提供遮阴座椅的人行道，作为放学接送平台与社区开放空间以外，东北处的大墩小学蛋形活动中心有着近5米高的廊带平台，为进行慢跑的居民能上来活动筋骨、憩歇观景；西北端为缓解河南路与向上路形成的60° 夹角，有着尺度恰好、结合公共艺术的小型公共广场，居民可以此作为会面点。放学后，校园活动中心等开放空间与绿带，可供居民共享，为社区进修或邻里活动提供场所。葱郁的校园，让居民不受街廓过大的影响，有惬意的散步捷径通往邻近各处。

全区分五期工程，施工单位陆续进场，犹如五部接力大合唱，事务所要统筹指挥成熟度不一的乐手在基地上按图索骥，协调接合进度、土方堆置等，是整体工程的最大挑战，我们除了在五期工程中积极沟通外，施工期间严谨的自我管控计划也是完成大墩全乐章的关键。从现在开始，大墩中学及大墩小学终于能以完整之姿散播自由而富美感的人文气息，为七期重划区的市民持续增加美感体验。

台中市立大墩中学及大墩小学

业　　主：台中市市政府
地　　点：台中市南屯区惠中路三段98号
　　　　　台中市南屯区向上路二段201号
用　　途：公立学校

景观设计

事 务 所：姜乐静建筑师事务所
主 持 人：姜乐静
参 与 者：陈俊亨、戴冠仪、洪志远、陈南燕、吴佳华、陈子豪、叶千纶、林淑惠、林芳如、刘嘉蕙、姜炎廷、陈起扬、许晃铭、郑博仁、赖人硕
监　　造：施力郁、蔡士伟、何青伟、林文艺、锺文义、李建国、吴明全、李兴旺
结　　构：大彦工程顾问股份有限公司、富田构造设计事务所
水　　电：日扬工程顾问有限公司
植　　栽：花婆婆景观工作室　陈杏芬

施　　工：大墩小学一期/详益营造
　　　　　大墩小学二期/新茂营造
　　　　　大墩中学一期/胜纬营造
　　　　　大墩中学二期/总督营造
　　　　　大墩中学地下停车场/昭雄营造

材　料

土　　木：抿石子、窑烧岗石立体砖、2×2马赛克砖、2×7小口砖、透心高压磨石子砖、Φ19马赛克砖、钢构框架封耐力版（空桥）、清水空心砖、玻璃砖、压克力弹性涂料、柚木实木、EPOXY
植　　栽：光蜡树、大花紫薇、苦楝、银杏、大叶山榄、小叶榄仁、枫香、红楠、乌心石、梧桐、菩提树、茄苳、樟树、青枫、青刚栎、无患子、山樱花、华盛顿椰子、桂花、杜鹃、金露花、田代氏石斑木、七里香、软枝黄蝉、细叶雪茄花、迷迭香、山苏、山黄栀、崖姜蕨、肾蕨、假俭草、台北草、地毯草
铺　　面：南方松 /香妃木木平台、抿石子、高压混凝土地砖、植草砖、面包砖、花岗石地砖、耐磨彩色压克力、复合式合成橡胶面

基地面积：42,045.28平方米

设计时间：中学及小学　2008年5月~2008年11月
　　　　　中学及小学地下停车场　2010年6月~2011年4月
施工时间：中学及小学　2009年2月~2011年2月
　　　　　中学及小学地下停车场　2011年7月~2012年8月

得奖纪录：1.2010台湾卓越建设奖——最佳规划设计类金质奖
　　　　　（台中市立大墩小学及大墩中学）
　　　　　2.2013台湾卓越建设奖——最佳规划设计类公共建设类特别奖
　　　　　（台中市立大墩中学地下停车场）

台北市政府转运站

环艺工程顾问有限公司

1

1 基隆路、忠孝东路口信义之瞳椭圆广场

國泰天母
東方錦觀

2 忠孝东路侧人行道
3 信义之瞳2F广场周边
4 人行道座椅
5 忠孝东路与基隆路口阶梯现况
6 转运站旋涡图腾铺面

7	8	10	11
9		12	

7，8 信义之瞳广场2F周缘
9 信义之瞳广场3F转角
10 信义之瞳广场西侧水道阶梯
11 信义之瞳广场东侧阶梯
12 基隆路口水阶广场

13
14

13 夜间LED广场
14 信义之瞳2F东侧绿色手臂夜景

设计构想发展

以建筑椭圆造型的平面延伸为发展基础，利用同心圆渐次向外旋出的方式，试图在水平与垂直方向上将户外开放空间融为一体。

1. 光影婆娑的环场步道——地面层人行空间

一楼的人行空间紧临忠孝东路及基隆路口，就像是信义区的入口门户，从二楼广场的旋风式的水波纹路铺面延伸至一楼的人行步道，引领人们穿梭在枫香树阵中，夜间利用照明营造出光影婆娑的步道。

2. 吸引宾客的流动光带——北侧阶梯水景

运用阶梯的水景，营造波光粼粼的感觉，加上夜间的灯光形成一条流动的光带，吸引人们悠游地步上阶梯，驻足在广场中，进而引导至建筑内，同时风吹水动也可降低都市的温度，创造舒适的微气候。

3. 信义商圈的旋风核心——2F椭圆广场

因位于信义商圈的门户，椭圆广场为整个设计的核心，如信义之瞳般，中央设置全彩LED银幕，不同的影像，产生向外扩散的水波涟漪，如舞动翅膀的蝴蝶、落下的雨滴、小孩的笑容、眨了一下的眼睛、狮子的大吼、躁动的人群等。铺面如同涟漪般向外扩散，引发动线的串联，而广场上的水雾喷洒，轻洒在空中，让人们微微感受到水雾浪漫的触感，也能有效地减热降温。

地面上的LED灯色彩的变化与城市的繁华相映成趣，增添绚丽热闹的场域氛围，且置身在广场及北侧阶梯中，可以与101大楼相对望。

4. 潮流律动的灵魂光点——玻璃光塔

玻璃光塔在夜晚灯光照明下使市政府转运站显得更加醒目优美。随着夜间水波的律动变化，仿佛一处温暖的光点照亮台北人的灵魂。

5. 融身自然的奇幻手臂——南侧绿色走廊

运用阶梯的变化，以及植栽灌丛的织锦，好似自然奇幻般伸出手臂拥抱这片广场，游走其间可以感受不同视觉的体验，更可以感受到阶梯与乔、冠木层层叠叠交织出来的自然和谐之美。

市民大众与都市空间接触的心情与温度

在城市漫走，我们有很多方式来体验一个地方，如果作为一座可以被记忆的城市，台北的美感如何在你的脑中被记录下来？

在市政府转运站的马路上闭上眼，听到的是轰隆轰隆的车声，台北信义区是一个崭新的市区，也代表着入口门户，在这坚硬的建筑外壳下，注入波光粼粼的流水意象与阶梯两旁植群错落。走上阶梯，步入广场，我们闭上眼睛，将会听到一种新的节奏与韵律自水边传来，重新改变这个城市的脉搏。

从水流到车流，从慢到快，代表了城市进入现代化的节奏转变。

夜晚矗立的市政府转运站建筑门面的顶端水泉泻下，引起行人的注目停留，进入阶梯两旁升起的水景阶梯之后柳暗花明，奇特的是行人从观众无形之中变成参与者。水的使用在设计语汇中，总是和人群的行动密切相关。

都市开放空间的设置不仅是为了供市民休闲之用，在实质空间的规划和设计中实践了对身体、社区、生态和美学的思考。生命的过程，其实是和环境息息相关的，而身体的行动常受到环境的限制或者诱发，人类的行动也会改变环境以及其他人对环境的感受。

一个规划设计背后蕴藏的成功要件、对城市的想象、都市风格的形塑过程等，都是为让市民大众了解台北都市空间所堆砌出的新魅力，并非一蹴可及。

面对“坚持改变”的乐观与热情，正是环境设计专业之所以存在的根本基础。提升意识中的感官知觉之后，也让行动本身成为社会力量和生命力量的自然展现。

台北市政府转运站

业　　主：统一开发股份有限公司
地　　点：台北市信义区忠孝东路五段6号
用　　途：商业结合交通转运之开放空间

景观设计

事 务 所：环艺工程顾问有限公司
主 持 人：潘一如
参与人员：郑淳煜、周建华

施　　工：大林组 jv 大成工程

基地面积：16,280平方米

设计时间：2006年12月~2008年2月
施工时间：2008年8月~2010年8月

得奖纪录：2012全球卓越建设奖——特别类银奖

台北国际花卉博览会——新生公园区梦想馆、未来馆与生活馆展馆新建工程

青境工程顾问有限公司

1

1 基地内受保护的老树与建筑物的关系

2 水花园映照着周遭的建筑物，景致优美
3 绿屋顶、水花园、中央广场的动线交汇
4 大片的绿屋顶，一方面可隔绝热能，一方面可保留动物、昆虫栖地
5 施工过程记录

6 7 8

6 兼具净化及观赏功能的水道
7 水花园，为水质净化的一环，亦提供多样的生物栖地
8 水景墙搭配立体曲面的绿化，增添活泼及趣味性

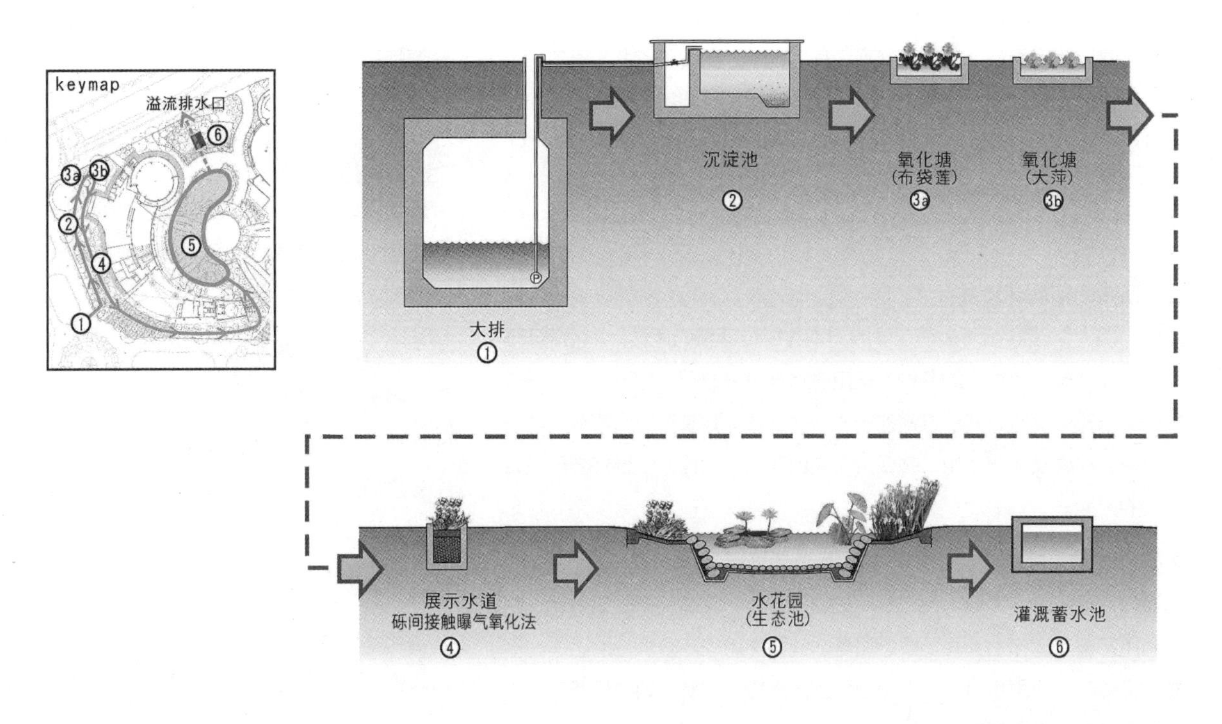

大排水质净化再利用示意图

规划缘起

本案为配合台北国际花卉博览会新生公园区梦想馆、未来馆与生活馆展馆的兴建，所规划设计的周边景观工程。新生公园属于台北市第二大公园，园区内大树林立，为附近居民休闲运动的主要场所；而公园紧邻松山机场，亦是人们观看飞机起降的热门场所。

设计构想

1.与现有的植群环境共存

基地内因为新建展馆而必须迁移的树木都经过谨慎的评估，包括避开5棵《台北市树木保护自治条例》指定的老榕树，选择性地替换部分外来树种，以及移植原先栽植过密的树木。在配置上则善于利用原有的林荫作为排队动线及休憩使用，并保持中央广场的开放性，以维持公园原有开放的尺度。

2.兼具美观、动线引导功能及环境友善的铺面系统

铺面配合建筑物“蝴蝶”及“蛹”的主题，以“花瓣”的图案呈现；同时利用花瓣步道作为参观动线的引导。铺面使用软底透水性的工法，下方铺设碎石，让雨水可以快速地自然回渗土壤；树荫下则铺设架高的木平台，避免乔木根系遭到大量人潮的踩踏。

3.建筑墙面及屋顶的绿化

建筑物设置绿墙及绿屋顶以避免日晒，维持室内的常温，减少空调的使用。同时，大面积的绿屋顶及绿墙，亦提供生物栖息的环境，使原有的公园绿地面积不因新增设的建筑物而减少。绿屋顶及绿墙的设计皆提供植栽足够的沃土，无须另外施加营养剂；屋顶选用耐旱、耐风的植栽，绿墙则依水分的分布配置植栽，期望在花博展期过后，均可以低成本维护的方式来管理。

4.水资源净化及再利用

为了供应展览期间每天浇灌植栽的水源，我们引入基隆河河水并净化。在参考各方资料以及实地参观过台北市成美砾间接触曝气氧化场后，设计出小型、生态性、具观赏功能的砾间净化水道，以砾间接触工法搭配水生植物来净化引入的水源，处理后的水体作为地面灌溉使用，增加水资源的再利用率。

全区配置说明

梦想馆及未来生活馆以合抱的方式围塑出中央的户外空间，一方面阻挡冬天寒冷的东北季风，另一方面则在南侧开口欢迎夏天清凉的西南风及游客的人潮。

①主要入口：由基地的西南角进入，通过阴凉的绿荫，经由梦想馆透明亮丽的太阳能屋顶下的川堂进入核心区的中央广场。

②次要入口：利用梦想馆及未来生活馆间的开口，将人潮引入核心区的中央广场。

③中央广场：中央户外空间的核心为直径20米的草地，为主要人潮的集散处，铺设柔性护草垫以保护草皮。

④水花园：在梦想馆与中央广场之间留设水花园，并种植具代表性的台湾水生植物，塑造出一处丰富而多样化的水景花园。

⑤林下休憩区：在两栋展馆北侧的开口设置高约2米的高架平台，利用原有的榕树群，塑造一处遮阴良好、穿梭在树冠间的趣味休憩场所。

⑥绿荫剧场：利用林下休憩区南向面对中央广场的高差设置户外阶梯剧场，并栽植遮阴乔木，作为解说、表演及游客休憩的绿荫空间。

⑦未来生活馆入口广场：由中央广场以花瓣形铺面引导进入第伦桃树群下的入口，塑造深藏林间的印象。

⑧未来生活馆入口等候区：利用入口南侧大片第伦桃树荫作为花展期间的排队等候区。

⑨梦想馆入口广场：由中央广场以花瓣形铺面引导进入，并通过水花园展示区以塑造独特的入口印象。

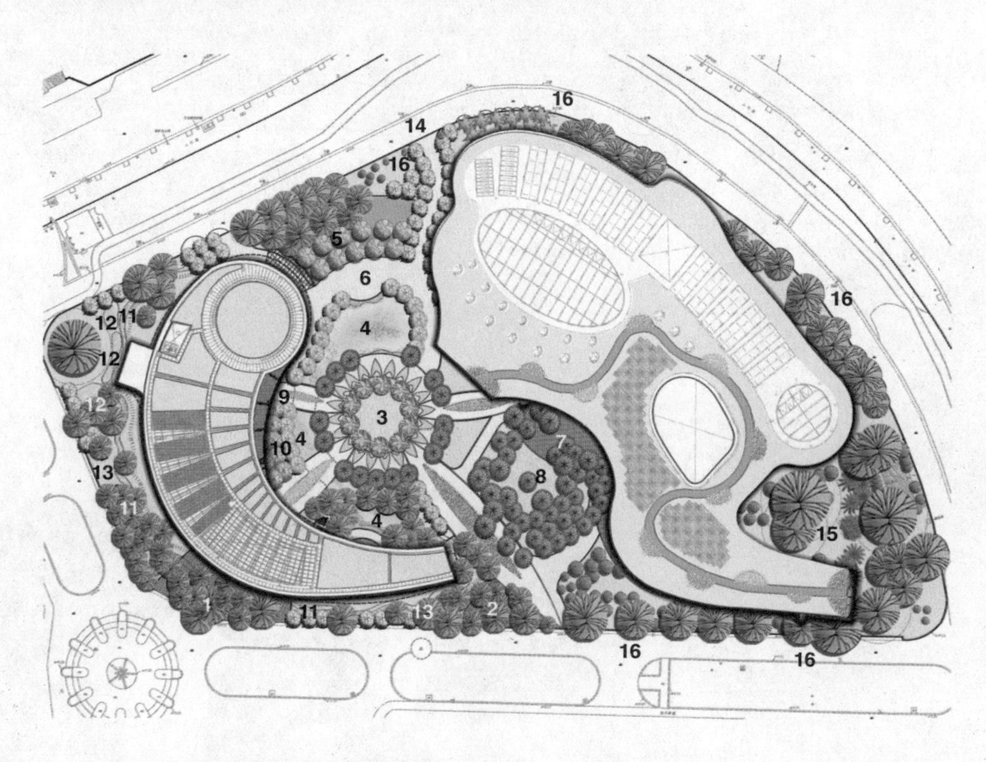

1 主要入口
2 次要入口
3 中央广场
4 水花园
5 林下休憩区
6 绿荫剧场
7 未来馆及生活馆入口广场
8 未来馆及生活馆入口等候区
9 梦想馆入口广场
10 梦想馆入口等候区
11 展示水道
12 水质净化池
13 野餐休憩区
14 服务及紧急车道
15 老树保护区
16 展馆外围缓冲绿带

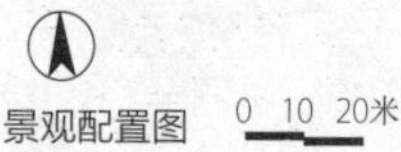

景观配置图 0 10 20米

9
10

9 夜晚的中央广场
10 绿墙夜景（建筑物墙面设计多面绿墙，阻隔热能）

⑩梦想馆入口等候区：以水花园水滨的山樱花树荫作为排队等候的空间。

⑪ 展示水道：宽度约1米的展示水道承接水质净化池的净化水，并沿着水道栽种多种净水型水生植物，作为水质净化的展示水道。

⑫ 水质净化池：自流经基地西侧地下的干渠以潜水泵抽水上来，分别通过砾间过滤、曝气及浮叶植物净化池进行密集初步净化后，再排入展示水道做进一步净化。

⑬ 野餐休憩区：利用展示水道流经现有乔木下的绿荫空间，提供野餐桌椅供游客休憩野餐。

⑭ 服务及紧急车道：由基地的北侧进入未来生活馆的货车入口，并可延伸进入中央户外空间作为服务、维修及紧急救护的车道。

⑮老树保护区：依据老树保护的相关法令留设必要的保护区。

⑯ 展馆外围缓冲绿带：基地东、南、西三侧均尽可能保留现有植被作为展馆外围的缓冲绿带，可使得花博一开始便呈现出成熟的绿荫景观。

台北国际花卉博览会——新生公园区梦想馆、未来馆与生活馆展馆新建工程（景观部分）

业　　主：主办单位/台北市政府工务局新建工程处
　　　　　建筑设计/九典联合建筑师事务所
地　　点：台北市新生公园
用　　途：2010年台北国际花卉博览会展区

景观设计

事 务 所：青境工程顾问有限公司
主 持 人：林大元
参 与 者：林大元、余嘉仁、江建翰
植栽顾问：吴金治园艺技师
监　　造：杨维仁、吴祖琛、余嘉仁

施　　工：福清营造股份有限公司

材　料

土　　木：净化水道、水花园等
照　　明：高灯、庭园矮灯、照树灯、LED水管灯等
植　　栽：台湾栾树、大叶楠、台湾海桐、台湾石楠、穗花棋盘脚、无患子、山樱花、翠芦莉、睡莲、台湾萍蓬草、炮仗花、山菊、穗花木蓝等
铺　　面：花岗石板铺面、原木平台、柔性护草垫等

基地面积：2.4公顷

设计时间：2008年
施工时间：2009~2010年

莲潭之云：高雄市翠华路自行车桥

张玛龙建筑师事务所、居夏设计王煦中、筑远工程顾问有限公司

1

1 云形顶棚夜景

2 桥体围塑出公园广场
3 圆管梁搭配造型翼板

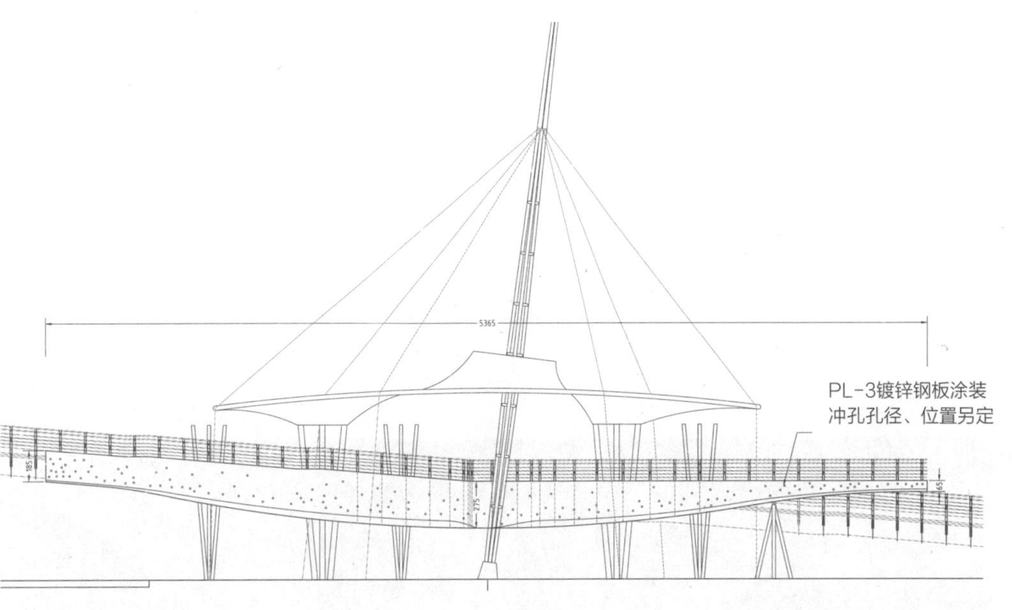

云型桥台立面详图　1：300

蓮潭會館
蓮潭會館

4 5 6 7

4 与树林呼应的错落柱体
5 夜间景观照明
6 桥下小花园
7 灯光从两侧回照造型梁

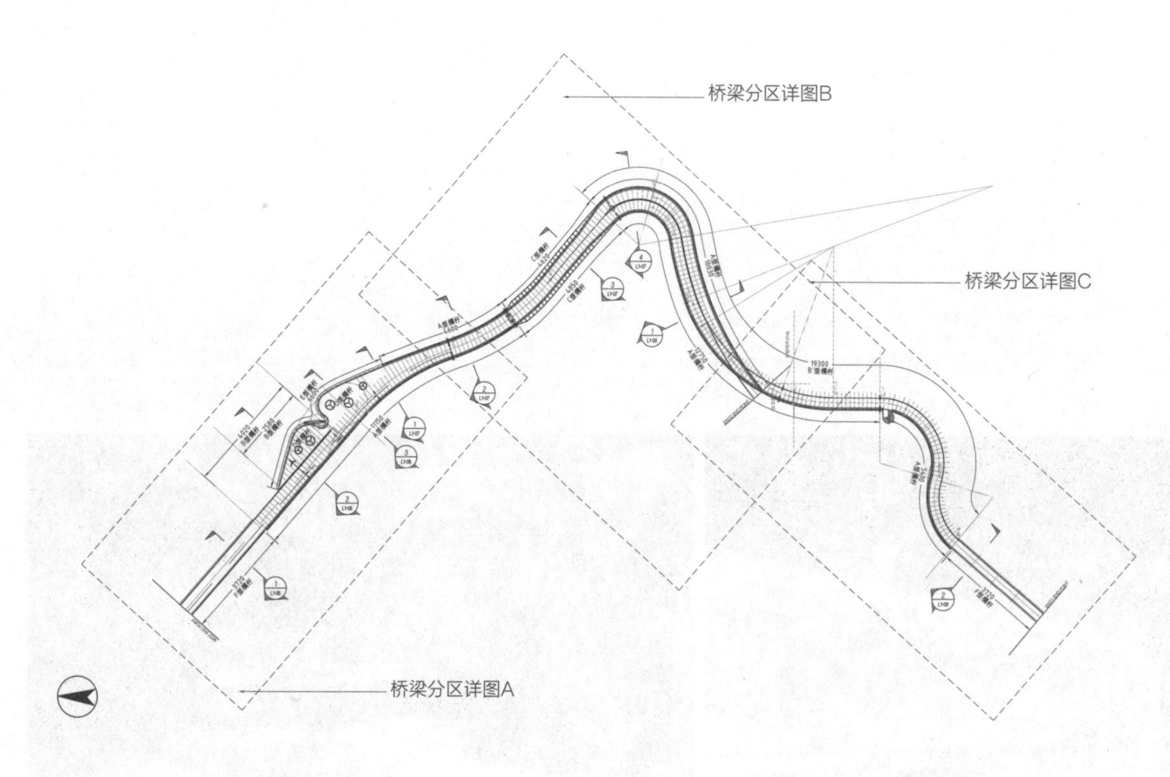

桥梁全区平面图 1：1500

8 夜间鸟瞰全景
9 蜿蜒桥体相衬公园景致

蓝绿带自行车系统的创意

本案基地西端为高雄市著名的莲池潭风景区及洲仔湿地，另一侧往东跨越翠华路是原生植物园，两区皆为人们日常休闲及游客游憩的景点，也是市区内重要的生态绿地。位于10号公路起点、交通量庞大的翠华路及台铁铁路，却将这两区硬生生地截开来；而高雄市沿着寿山侧的自行车绿带系统以及沿着爱河的自行车蓝带系统，也在这边产生了断点。这座桥梁不只让人们可以更自在地游逛两端休闲区域，更串联了高雄市自行车蓝绿带路网。

人性化休闲场域的围塑

作为游憩路线的一环，桥将不只满足单纯的串联动线机能，我们希望在这里创造更多元的活动机会。利用桥面上景观座椅的设置以及桥面放宽成观景平台，搭配局部的遮阳顶棚并结合喷雾系统降低白天桥面温度，创造宜人的停留环境，让人们可以在桥上驻足观赏湿地的生态景色，或是三两好友在桥上或坐或卧地休息聊天，形成新的休闲节点。

都市特色地景的创造

此地点同时是10号公路的起点以及左营高铁站往高雄市区的要道之一，为高雄重要的门户。我们结合对莲池的想象，取荷叶曲线设计顶棚薄膜，塑造一个有特色的造型地标；夜晚时搭配喷雾系统及灯光照明，像一朵浮在树梢的云。薄膜采用上下双面包覆于曲线钢构外，不论从上方或下方皆不会看到内部构造，并由内部支撑加上外环钢缆悬吊于半空中，创造轻巧的漂浮感。除了薄膜结构外，桥体主结构采用圆形大梁，做出富有变化的曲线桥体，搭配弧形翼板作为龙骨造型，形成从地面观看桥体的另一个特色。

与自然共生

我们希望人造桥体能跟自然环境和谐共存。在初期桥形路径的决定上，就尽量减少树木的砍伐；景观平台及顶棚薄膜适当开洞让阳光洒下，也供地面层花园的植栽可以沿着造型柱体攀爬而上，将地面绿意带至空中；柱体造型上以植物的枝干为蓝本，搭配桥体两侧的金属薄板雕刻花草图样，让桥梁与周遭的自然景致互相呼应。

莲潭之云：高雄市翠华路自行车桥

业　　主：高雄市政府工务局新建工程处
地　　点：高雄市左营区翠华路、崇德路
用　　途：人行景观桥

建筑设计

事 务 所：张玛龙建筑师事务所、居夏设计王煦中、筑远工程顾问有限公司
主要设计：张玛龙、王煦中
参与设计：徐宜恒、黄姿祯、林幼华、张新梓
监　　造：李冠贤
结　　构：张盈智/建筑远工程顾问有限公司
水　　电：正太工程顾问有限公司
景　　观：德司丹圣国际设计顾问有限公司

施　　工：胜荣营造有限公司

材　　料：钢构、膜构、彩色沥青、高压平板砖

基地面积：全长416米

设计时间：2008年10月~2009年2月
施工时间：2009年5月~2010年9月

得奖纪录：国际宜居社区城市大赛金牌奖

礁溪温泉公园

株式会社象设计集团

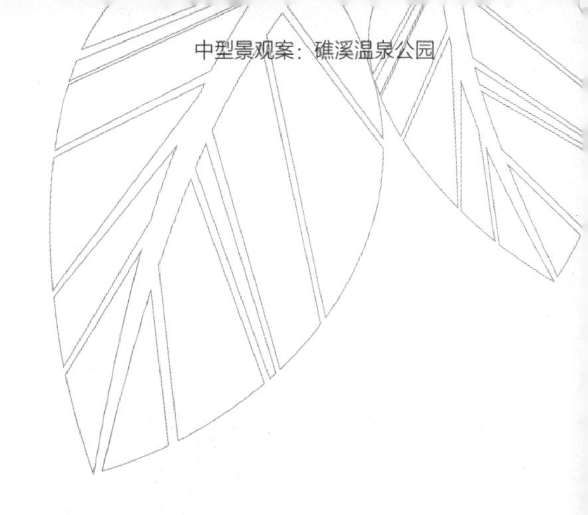

1

1 人与自然亲密融合的温泉公园

左页：摄影／刘淑瑛

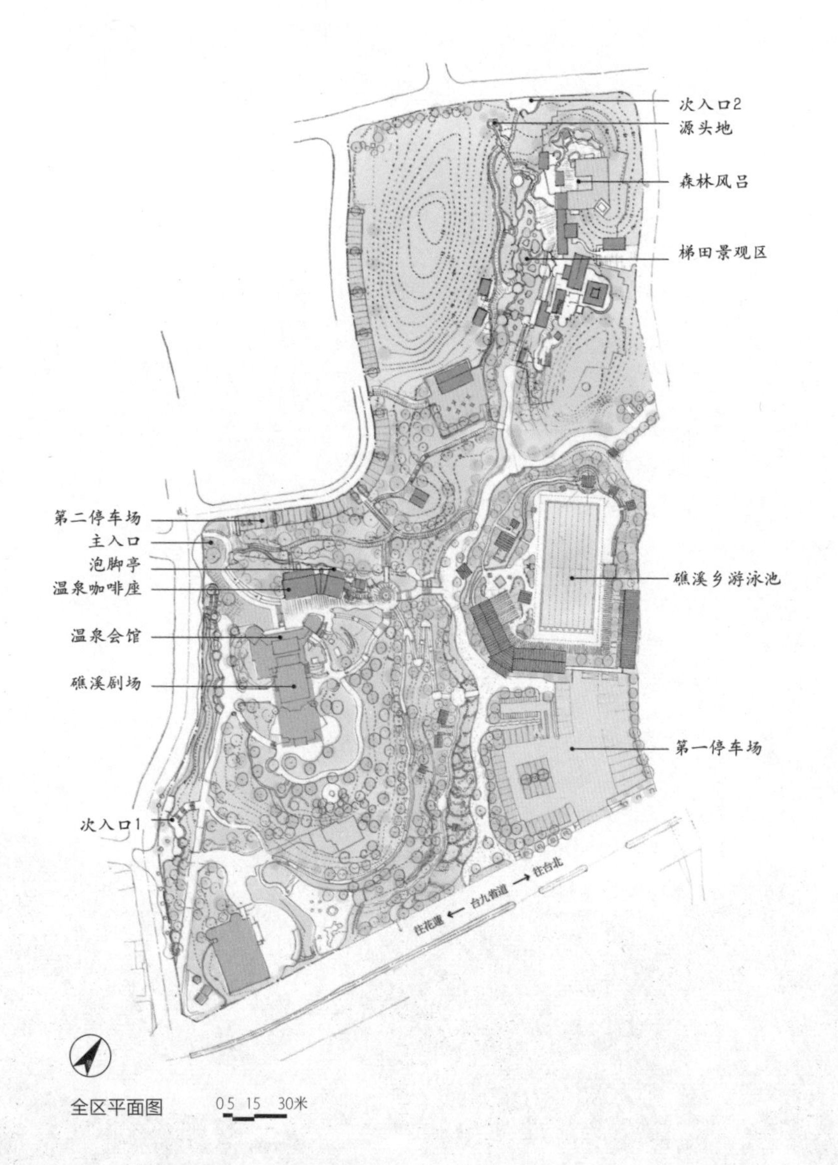
次入口2
源头地
森林风吕
梯田景观区
第二停车场
主入口
泡脚亭
温泉咖啡座
温泉会馆
礁溪剧场
礁溪乡游泳池
第一停车场
次入口1
0 5 15 30米

全区平面图

2~4 泡脚亭
5 通道节点

	8	9
6		
7	10	

6 茂密竹林
7～10 梯田景观区

11 造型水池
12 设计元素：礁溪原貌
13 呼应礁溪地貌的梯田景观区

1~11 摄影／刘淑瑛

计划背景

2005年礁溪汤围沟公园完成启用，因北宜高速公路通车，对宜兰地区经济、社会产生重大影响。过去8年礁溪地区游客增加，旅游市场发展迅速，旅馆业、餐饮服务业、休闲温泉业等均大幅增长，礁溪市街蜕变为温泉旅游小镇。原先道路使用缺乏秩序、市街景观杂乱、公共服务空间不足等，使礁溪市街无法为游客提供令人满意的服务。此次礁溪市街区整体规划开发过程，2007年街区东北侧民间投入旅馆区市地重划，既有公园用地（2.5公顷）扩大方案，作为开端。

公园历史沿革

日据初期的1915年，日本人首先在公园内设立州营温泉浴场（公共浴场），分设男女浴室及贵宾室。

公园旧名“圆山公园”于1936年规划筹建，2005年改名为“礁溪温泉公园”。

1933年圆山公园北侧兴建游泳池，长25米，宽12米。第二次世界大战时，因美军轰炸而损毁，1948年修复完成并开放，两年后废弃。1991年重建，水温保持22℃以上，适合全年使用。

后在公园内设有“孙中山百年诞辰纪念碑”（礁溪剧场后方）及吴沙纪念馆。1997年纪念馆改建为“宜兰县旅游服务中心”，2003年改名为“礁溪温泉会馆”，提供宜兰旅游咨询及礁溪温泉展示。

2004年宜兰县政府文化局在礁溪温泉会馆后方丘顶修建可供300人观赏的户外剧场，安排许多精彩表演，供人们免费欣赏。

设计概念

公园内既有保留设施，又有新增部分。公园用地扩大部分，为主要设施范围（约2.5公顷）。延伸“圆山公园”土地利用结构，基地后方鹊子山为设施配置的主轴。

通过保存基地内地形及既有的树木等基地地貌，使历史文化的风韵再次展现。

基地内新设日式露天风吕及泡脚池，另加强礁溪地区温泉小镇游憩步道系统，提升活动据点的网络。通过联合周边区域温泉旅馆业者，使游客活动更加多样化。另外还强化街道与公园的连接关系，扶植地方产业的发展与创造。

主要设施说明

森林风吕

男女各具特色的温泉池皆与周边自然环境相融合。男式温泉池为庭园式开放空间的露天风吕，由入口进入温泉区，可见由日本著名的泥匠久住章先生现场制作的壁画。女式温泉池为日式泡汤空间，区内各种形态大小的泡汤池，与后方森林结合感受自然环境。

梯田景观庭园区

空心菜、番茄等温泉蔬菜为礁溪当地农产品，近年来，礁溪温泉街区发展，街区内山脚区一阶一阶的梯田消失。本公园泡汤设施前方的庭园，使礁溪蔬菜农田再现，并使用基地周边挖出的四陵砂岩堆砌起来，创造出梯田景观，种植空心菜，使游客体验礁溪的原始风貌。

入口泡脚亭

礁溪温泉街区步行网络上开放5处泡脚池，分别为汤围沟公园、地景广场、温泉路绿化广场、礁溪火车站前广场及本案礁溪温泉公园等地。已完成的街区步道，可连接各泡脚池，漫游街区，大约300米，可提供泡脚休息站，缓解步行的疲劳，并促进游客及地方居民之间的互相交流。

礁溪温泉公园

业　　主：宜兰县政府
地　　点：宜兰县礁溪乡公园路
用　　途：游客与社区公园及温泉设施

景观设计

事 务 所：株式会社象设计集团
主 持 人：北条健志
参 与 者：白井稚子、蒋育修、松廷刚
监　　造：蒋育修
土　　木：大欣工程顾问公司

水　　电：连翊电机技师事务所
照　　明：连翊电机技师事务所
植　　栽：日商日亚高野景观规划股份有限公司台湾分公司

材　料

土　　木：婆罗洲铁木、南洋榉木、有色水泥打毛、杉木
植　　栽：桂竹、杜英、枫香、大叶楠、月橘、肾蕨、空心菜
铺　　面：黄木纹石、绿板石、有色水泥打毛、黑鹅卵石、固化土

基地面积：50,216 平方米

施工时间：2007年4月~2011年7月

小型景观案

心六艺
由巨大谦
宜兰未来转运站“幾米主题广场”——记忆片刻风景
峰景建设之凤翔社区景观设计
逢甲大学学思园景观环境整合规划案
国际地标环境艺术创作计划
富贵三义馆
慈心华德福之永续校园改造
枫叶亭酒店温泉SPA景观工程
台北国际航空站观景台
台北世界贸易中心广场地景设计
漂浮城墙——恒春古城人行桥
远雄上林苑
台湾工业银行总部大楼

心六艺

瀚翔景观国际有限公司

1

1 随季节变化的四季庭园

2 绿意环绕的步道空间
3 树屋成就孩子的梦想
4 绿色森林里隐藏的魔幻树屋
5 立体空间的延伸

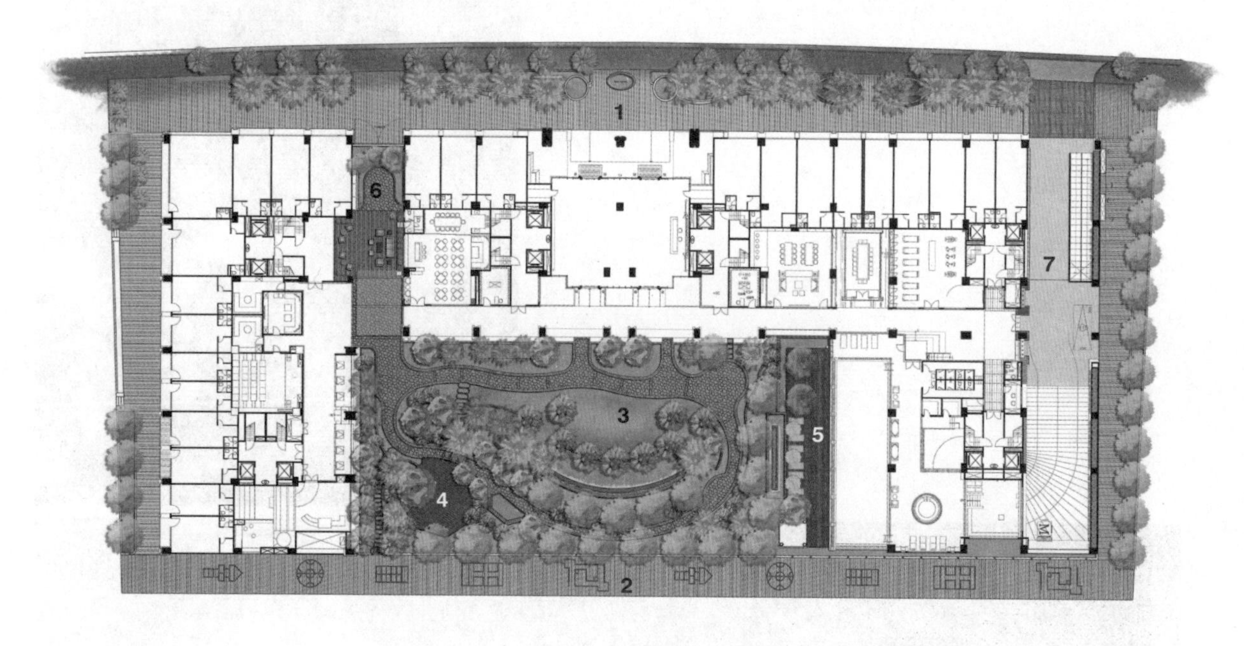

1 入口迎宾水景
2 趣味巷
3 草皮区及水瀑墙
4 树屋
5 躺椅平台休憩区
6 休憩座椅区
7 车道出入口

一楼景观配置图

7
6

6 运用大乔木与地景创造空间层次
7 构思中的树屋模型

心六艺

业　　主：永裕居建设股份有限公司
地　　点：新北市三峡区
用　　途：住宅中庭景观设计

景观设计

事 务 所：瀚翔景观国际有限公司
主 持 人：卢胤翰
参 与 者：刘静珊、林惠铃、江纹宽、王楚蓝、陈佩璇
　　　　　郭俞呈、朱椿弘、李承儒
监　　造：瀚翔景观国际有限公司
艺术顾问：林伯瑞

施　　工

土木、水电、照明：禾进营造工程有限公司
植栽、维护：瀚智国际景观有限公司

材　　料

花岗石材、塑木、马赛克拼花、不锈钢镀钛、玻璃扶手

基地面积：　5127平方米（约1,551坪）

设计时间：2006~2010年
施工时间：2008~2010年

“定神细视，以丛草为林，虫蚁为兽，以土砾凸者为丘，凹者为壑；神游其中，怡然自得”—— [清]沈复

对于孩提时丰富想象力的描述，刻画出孩童无限的创作思维，枯枝成剑，草帽当盾，交错的竹林成了秘密基地，桌子底下则是“过家家”的最佳地点，孩童眼中天真无邪的世界观，却是经历成长与踏入社会的磨炼后，无法再寻回的那一块拼图。

回归原始、童真璞实

我们期望找回孩提时光那无忧无虑的天真与梦想，通过创造地景与形塑空间赋予基地视觉与使用的平衡美感，使得5127平方米的庭院空间变成小型森林。在化繁为简的过程中糅入情感，发自内心地找到一个单纯、简单的空间形式，这份简单不是刻意的成果，是源自生活回归原始单纯的态度，并带着向自然学习的精神，由树屋、水景、植生与草坪的融合，创造整体空间的生活层次与氛围。

绘出孩提时光永不褪色的涂鸦

为了呈现游戏中那份纯真感受，在各个空间与角落都可见到生动的孩童雕塑，我们希望传达孩童在游戏中的那份专注与天真；我们也和本土艺术家合作构思了一座多功能树屋，为的就是一圆大家在孩提时代都曾拥有的梦想。结合了木栈道、树洞、绳板秋千与树干滑梯，看似独立却又可相互结合的游戏空间，让天马行空的孩童创造自己的冒险故事。

植物与人的对话

我们共种植70余种乔木、灌木及花草等原生植物，以开花、诱蝶诱鸟树种创造中庭空间的色彩变化，借树型及颜色的转换，在光影穿梭树梢间营造不同的效果，身临其中感受大自然最丰富的表情。

与环境共生

我们应该让孩童从游戏与生活中理解：每一个动作都会对自然环境造成影响，这些影响不管好坏，最后都会回到我们身上。因此我们期望通过自然环境的营造，让孩童在游戏中经由彼此，甚至是与自然的互动间能够了解再小的一分子都有可以贡献的地方，强化环境教育的目的与意义。

由巨大谦

上境设计工程有限公司

1
2

1，2 以极简大器的设计，呼应“大傲若谦”之精神

3，4 以水景与石材的延伸形成内外视觉连接
5 枕形石雕将公共区域转化为“公共的客厅”

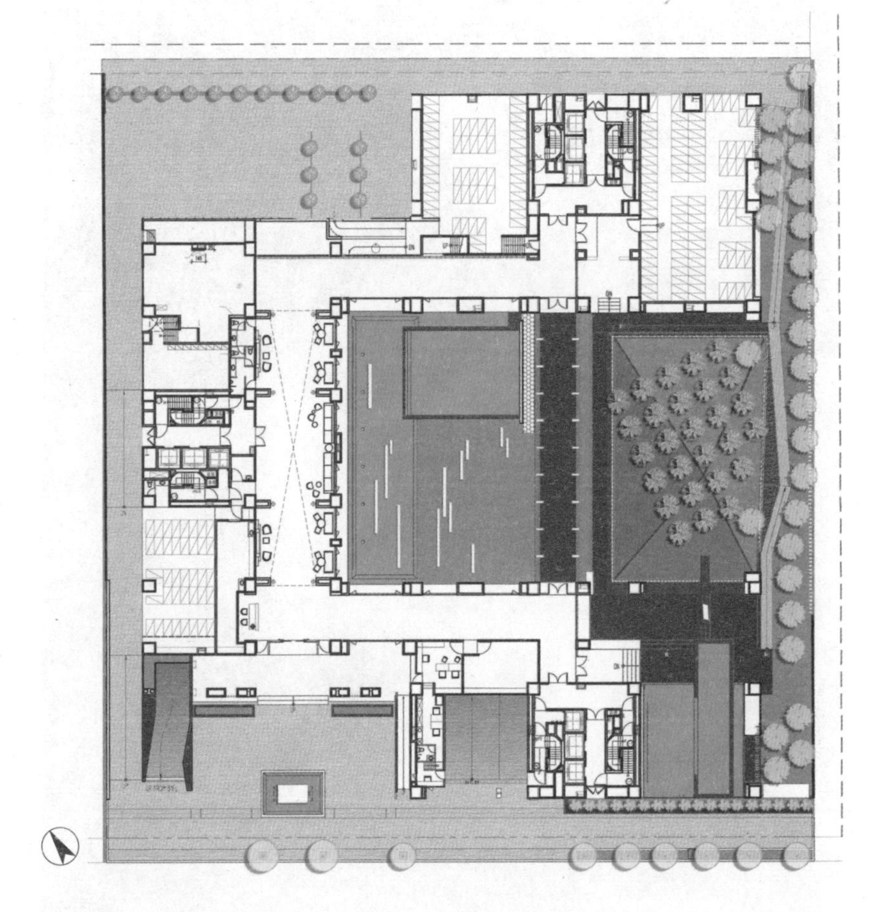

平面图

6	
7	8

6　曲折的机车牵引道塑造曲径通幽之感

7，8 高台上的樱花林如同小小的桃花源

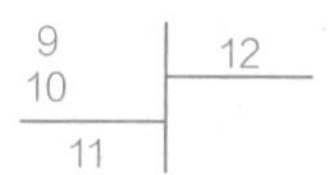

9，10 入口处看似简单低调，却充满细节
11 水池中将叠石意象简化为高低错落的矩形
12 水与植栽在光线下变化出多样的姿态

“大显若隐，大傲若谦”

业主选以大谦之名，期待呈现大器却不张扬、沉稳却不暗淡的质感，并希望将“私人美术馆”的概念引入设计中，作为触发灵感的核心。踏进入口，以黑白两色为主旋律，表现出纯粹的画面感，但通过铺面的排列，赋予空间细腻的视觉变化，稳重中藏有生气，而枕形艺术品下静静的流水，也提炼出整个景观设计的重要主题。

水，是纯粹无垢的象征，也是映射周遭环境的最佳材料，可动可静，可急可缓，更可进行微气候的调节，从门口经由回廊看见天井，最后行至庭园，串联出洄游般的动线，其中水的元素无处不在，特别是中庭的静流水池，在光线下变幻出各种姿态，丝毫不逊于艺术品。池内将叠石的意象简化为矩形，以高低落差制造出明暗及水的波纹，另一方面将地面作为画布，以非洲凤仙加上鸢尾花绘出大器却细致的绿意。

为保持视觉上的通透与纯粹，利用水池与石材的延伸，作为内外环境的视觉连接，而大大小小的枕形艺术品，将公共空间化为“公共的客厅”，更感亲近与舒适。视线透过建筑结构形成的一个个框景，如同欣赏画作般，重新感受居住的环境，尤其当望出去是一片盛开的樱花林时，更有如造访桃花源般的惊喜与感动。

樱花庭园与一旁的机车牵引道呈现的高低落差，是设计者营造山与步道意境的巧思，步道的微微转折，更强调了曲径通幽之感，而被通道稍稍与外界隔开的樱花庭园，增添了一丝遗世独立之感，同时也成为反映四季变化的自然艺术品。

由巨大谦

业　　主：由巨建设股份有限公司
地　　点：台中市西屯区
用　　途：住宅中庭

前期整体规划：大尺设计工程股份有限公司

景观设计

事 务 所：上境设计工程有限公司
主 持 人：许富居
参与人员：李天佑、许玉莹
监　　造：上境设计工程有限公司
土木、水电、照明、植栽：上境设计工程有限公司

施　　工：由巨建设股份有限公司

材　料

土　　木：印度黑、青斗石、福鼎黑
照　　明：矮柱灯、草皮灯、水池灯
植　　栽：青枫、樱花、樟树
铺　　面：青斗石

基地面积：3642.98平方米

设计时间：2009年7月
施工时间：2012年11月

得奖纪录：2011第二届台中都市空间设计大奖

宜兰未来转运站“幾米主题广场”——记忆片刻风景

墨色国际股份有限公司

1

1 与《星空》中的小男孩、小女孩一起等车，逗留、等待倍感闲适自在

左页：摄影／刘淑瑛

2　《地下铁》的行李箱承载着旅客的记忆，持续探索内在与外在世界的旅程

3，4 广场中废弃的房舍，转变为《星空》中男孩流连忘返的水族馆与男孩的房间

5，6《向左走，向右走》故事线埋进场域动线中，空间因此产生更多的人文想象

7　亲人朋友在此相聚离别，观光客及居民在此停留游憩，呈现出一个个定格于人与空间的故事

8，9　墙面彩绘图像选自《星空》绘本
10～12《地下铁》中的旅行箱，带有“小小房屋”与“家”的隐喻

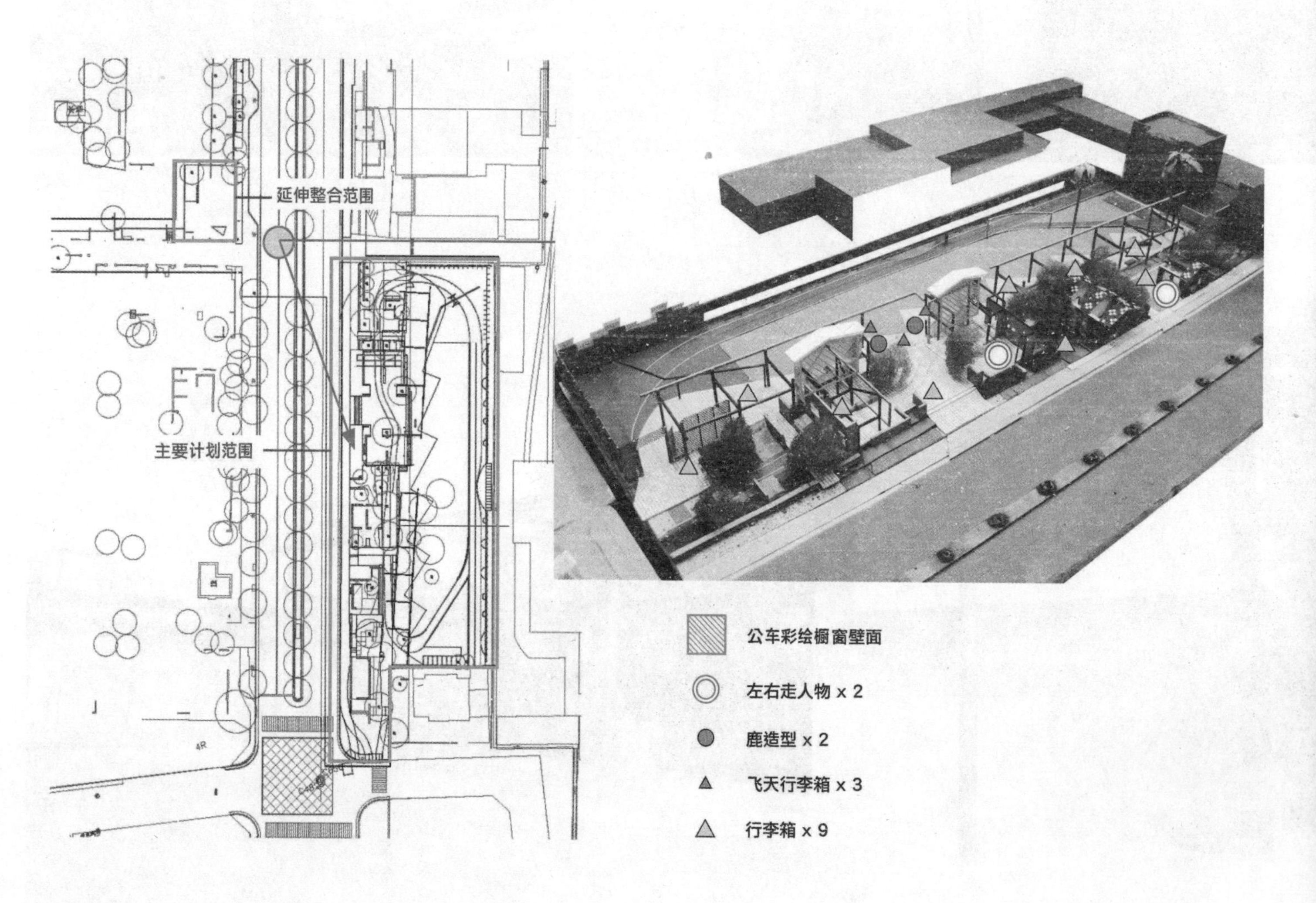

工程示意图

13 “旅行”跟“人生的片段风景 ”与转运站主题公园的功能紧密结合，提供丰富的想象空间
14 飞天鹿

1~5, 7, 9~12,14 摄影／刘淑瑛

设计概念与说明

1.设计概念

宜兰未来转运站幾米广场是“宜兰河边的维管束”计划的一部分，与宜兰市整体生态观、文化历史脉络、观光资产相联系。

“台铁旧宿舍开放空间”与“延伸整合范围”原为闲置状态，空间内地形崎岖、杂草丛生；部分旧有屋舍结构墙面上则爬满藤蔓，虽然留下来的建筑保有古朴自然的风貌，但由于缺乏清洁、整理，夜间照明不足，故虽然与宜兰火车站及现有转运站相毗邻，人们却多将其当作车站旁废弃的空地与建筑，较难自在地亲近这块区域。

在宜兰未来转运站幾米广场的规划中，除了广场本身为人们提供休闲场所的定位之外，未来设置客运站后，其中长途交通运输功能将带来外地游客，短程运输路线则作为宜兰火车站在市区内的交通接驳。本案被重新定位为：城市生态计划的一环、游憩场所、观光、通勤等，复合式的功能定位，让该案的未来发展充满各种可能性。

根据宜兰未来转运站幾米广场本身的转运站与主题广场功能规划，同时考量其在“宜兰河边的维管束”计划中所扮演的角色定位，以叙事性的内涵为主轴，设定空间主题与装置设计，美化整体景观视觉，反映周边环境的地缘性、亲和性、生活化与空间特色，并提供可持续延伸创造的故事性能量，提升该案本身及其周边观光景点与路线的观光价值。

宜兰未来转运站幾米广场的主要功能，可概括为两部分：交通转乘功能与游憩功能。因此产生不同的使用体验：来往过客经过这里观光与通勤，亲人朋友在此相聚离别，观光客或居民因为空间经过改造在此停留游憩，呈现出一幅幅人跟宜兰未来转运站幾米广场交织出来的定格故事。在软性资产部分，现存的台铁旧有屋舍及结构墙面有其历史与文化意义，围墙旁经过的火车不时带来变换的景象，基地附近开阔的空间、低矮的房舍、宜兰悠闲的生活节奏都属于此地独有的软性文化资产。

综合硬体、功能以及软体进行构思，设定的主题为“记忆片刻风景”。

2.设计说明

阅读幾米作品，就像是在进行一段心灵的旅行。从幾米作品《星空》《地下铁》《向左走，向右走》中抽取与旅行有关的元素，根据宜兰未来转运站幾米广场的空间进行设计，让作品与空间对话，并从视觉、功能与故事各个方面考量与周边环境的协调性、融合性。作品背后的故事线，为整体空间设计的概念添加意在言外的想象线索。

为本计划选择的幾米作品形象，色彩鲜艳明亮，与宜兰未来转运站幾米广场高彩度的设施涂色相搭配。《星空》中飞天公车的选图，一方面呼应转运站的功能性，另一方面以图像解构的设计带出旅行、风景的含义，同时，图像中的树林与房子，也跟该案的植栽及房屋相对应。

《地下铁》中的旅行箱，化为实际比例的大小，可作为座椅供人们歇脚，除艺术性外也兼具功能性；设置于延伸整合范围的《星空》等车的小男孩、小女孩与大兔子，是以艺术手法作为转运站的延伸标示。

《向左走，向右走》述说每个人在城市中行进的轨迹，以及相遇分离的偶然；《地下铁》中的旅行箱，在这里转化为“家”的意象；《星空》中男孩女孩相互扶持，并共同经历一段逃离城市的流浪旅程。在选图与艺术装置设计上，抽取这些故事的含义，提出“旅行”跟“人生的片段风景”与转运站主题公园的功能紧密结合，并提供丰富的想象空间。

宜兰未来转运站“幾米主题广场”——记忆片刻风景

业　　主：宜兰县政府
地　　点：宜兰火车站南侧的铁路局旧宿舍区
用　　途：国道客运转运中心的主题广场

景观设计

事 务 所：墨色国际股份有限公司

施　　工：林健成美术制作工程有限公司

材　　料：木作、铁件、亮面晶石、雾面晶石、彩绘

设计时间：2012年10月
施工时间：2013年1月~2013年6月

峰景建设之凤翔社区景观设计

峰景建设

1

1 自在行走于散步道上的人们

2 | 3 4 / 5 6

2 散步道为串联基地其他空间的主要动线
3 儿童游戏区有滑梯、休息平台、涵洞和沙堆
4 主要入口区的水景
5 充满芬多精的林荫步道
6 石景林荫区切割中带点自然粗犷的线条

7 | 8
9

7，8 创造水生动植物的栖息地，
增加小孩与自然的互动
9 拥有自然景色的健身房

前言

基地为保力达工厂位于新庄的旧址，居住的需求及公共运输系统的快速整合，使得这片沉寂已久的旧厂区有了全新的生命。不再只有隆隆作响的机器声响，起居的节奏也转换成为愉悦与安心。

以公园为基础

1.花架休憩区——社区的大客厅

位于主要入口区，空间概念将水景与雕塑借由入口的动与停留的静转换成雕塑的静与水景的动，迎接客人的是一座绿意盎然的大客厅。

2.步道休憩区——公园的散步道

对于社区的第一个印象，其仿佛是一条无尽头的通道。通道将基地的建筑一分为二，成为社区最重要的活动空间。散步道同时也是串接基地其他空间的主要动线；东起入口处，穿越花架与迎宾水景，爬升近4米的高度后，往左连接水景休憩区（注：水景休憩区为主要连接室内各项公共设施的主要入口）；百米的尽头一抹弧形的水景，除了延伸与其他住宅入口的动线外，也承接散步道与儿童游戏区。

3.水景休憩区——对比的趣味性

散步道的第二个节点，连接至公共的社区中心；配合建筑笔直的外形，水景的几何造型，除了界定空间的机能以外，金属与花岗石材料精准的结合，反观对侧的石景林荫区中不经细雕的石景，形成对比的空间趣味性。

4.端景水墙区——视觉的延伸感

路的尽头是一座弧形的水墙，后侧为连接地下停车场的主要动线；水墙的设置不仅用来阻隔与车道紧张的空间关系，曲形水体也提供视觉轴线端点延伸的空间印象；同时延伸出与儿童游戏区的关系，成了沙雕游戏取水、清洁的重要空间。

5.儿童游戏区——放纵的游乐场

全区的设计概念希望借由留下的空间与自然进行对话，使其成为游戏空间的一部分。这个区域中，滑梯、休息的平台、可以攀爬的涵洞、沙堆，共同成就了伟大作品。

6.自然水景区与空间的自然结合

水景的背侧是一道高约4米的渠道侧墙，隔着水道与旧社区相连接。水道的两侧平时为附近居民散步的空间，利用既有的高差，创造水瀑的意象，配合水景的植栽规划也与既有的原生植栽相融合，四季的情景更为丰富，并创造水生动植物的栖地，让空间中多了小孩与自然互动的有趣画面。室内空间也拥有与大面落地窗相连接的自然画面，不仅在室内活动时可欣赏自然的景色，走出户外，也是一个充满芬多精的自然空间。

7.水瀑泳池区——与空间的自然结合

泳池的周边与二楼环绕的皆是社区的公共空间，除了有一个社区自己的泳池外，也希望提供一处小孩悠闲玩水、父母可以悠闲休憩的自然环境。

后记

完工后第二年，我们再度回到社区，多半的空间都有了新的空间印象。这案子给我们许多设计上的启示，我们特归纳出以下几点：

1.重视空间基础条件

顺应基地与周边留下的土地纹理，借由景观的整体设计，强化本来的特色；同时，配合整体的高差设计。

2.将美学建立于实用与机能的基础上

因为保留了中央通道的原始机能，强化两侧的空间；散步道不仅只是用于行走，还可以进行打羽毛球等活动，适时地在动线的节点上留下休憩的空间。除了单纯的赏景之外，实际的功能让设施更禁得起时间的考验。

3.适度的留白

为表演者（使用者）的舞台进行装点，留出表演的空间；因为留出舞台，表演（回忆）将更令人难忘。将空间进行适度的留设，将是每个案子都须正视的课题。

峰景建设之凤翔社区景观设计

业　　主：峰景建设
地　　点：新北市新庄区中正路708号
用　　途：集合住宅

景观设计

事 务 所：瀚翔景观国际有限公司
主 持 人：卢胤翰
参 与 者：王楚蓝、江纹宽、林惠铃、侯芸芝、刘静珊、苏志民、朱桩弘、蔡宗卫
监　　造：瀚翔景观国际有限公司
朱桩弘、李承儒、林惠铃、蔡宗卫
土　　木：瀚翔景观国际有限公司
水　　景：大台北景观设计有限公司
李恒德游泳池工程有限公司
照　　明：原硕照明设计顾问有限公司
植　　栽：瀚翔景观国际有限公司

施　　工：瀚智国际景观有限公司

材　　料：花岗石材、塑木、马赛克拼花、不锈钢烤漆

基地面积：20,000平方米

设计时间：2005年9月~2010年5月
施工时间：2011年8月~2013年3月

逢甲大学学思园景观环境整合规划案

逢甲大学建筑研究设计中心

1

1 学思园景观规划全区鸟瞰图

2
3

2 生态校园中的世外桃源
3 莳花池畔和卵石泉流

1 翠竹绿林
2 绿篱步道
3 小径
4 涌泉石臼
5 野溪碇步
6 环溪步道
7 白沙流泉区
8 观稼台
9 生态野溪
10 缓冲保留林带
11 莳花池畔
12 入口广场
13 池畔平台
14 活动广场
15 绿丛木桥

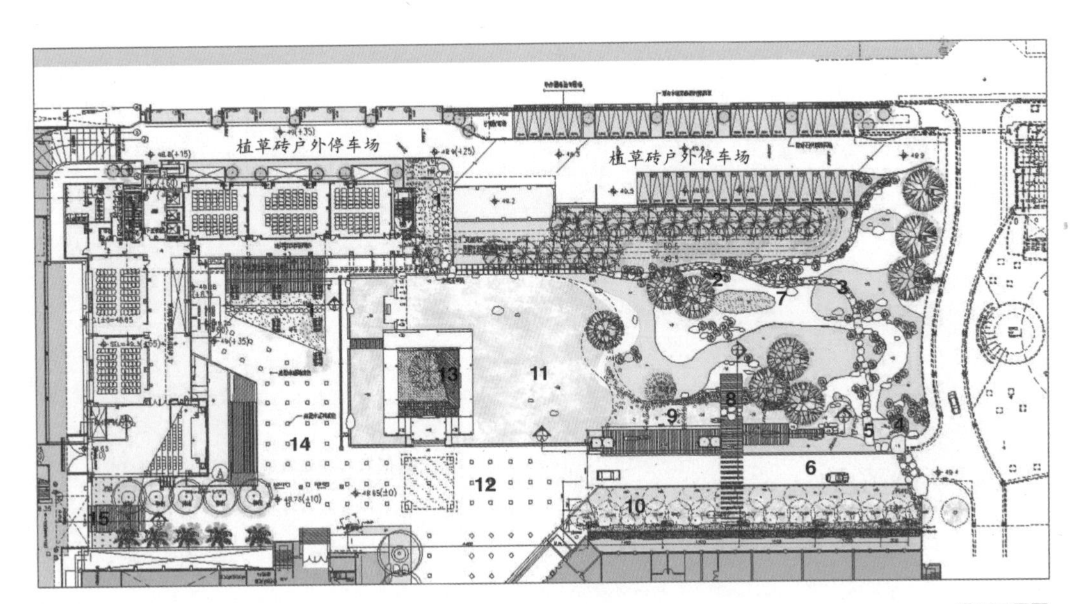

平面配置图

5
6
4
7

4 滞洪景观水池和学思亭平台
5 学思亭入口广场和旧有学思园印记——毛公鼎
6 池畔平台休憩赏景
7 池畔平台和旧有学思园印记——指南车

學思園

8 连接滞洪景观池的生态野溪和周边景观
9 生态野溪、卵石坡岸和实木栈道
10 学思园中小径——跳石步道

学思园的传承与创新

“学思园”取自孔子《论语·为政篇》“学而不思则罔，思而不学则殆”，以期勉励本校莘莘学子学与思并重。于1983年从愉园之西增辟新园“学思园”，从愉园的九曲桥一直伸延连贯到理学大楼、土木水利馆后面的空地，采用了中式庭院的回廊和流线型的矮墙，并挖掘了一座人工湖，湖边广植垂柳，湖中有小岛，一座虹桥连贯交通，湖畔置有小坡，小型瀑布倾泻其间，共计八十余种花草林木配合四季花开花谢，俨然成了一处“世外桃源”。

学思园改造计划由本校建筑研究设计中心负责进行整体环境规划设计，以同质与异质、创新与传承为概念，将现有学思园改造成为逢甲大学人文、民主、生态的记忆场所。

学思园在逢甲历史中所代表的精神深植于所有逢甲人的记忆中，不仅仅是修身养性的后花园，更以生态校园的新思维，将水资源回收利用，结合社区居民与校园师生的参与，未来不仅提供休憩及生态教育的功能，并鼓励多元活动的发展，该计划以植栽、生态清流、石子与木头等自然的元素，让学思园成为刚柔并容的枢纽、传承逢甲的新与旧，成为诉说历史的记忆。

学思园内延续着旧有园区内的印记，其一为毛公鼎，其采用的铜制纹饰艺术为先民的智慧，高冶金技术领先全球；其二为指南车，对海运国防均有重大贡献，可称为人类科技的始祖；其三为《兰亭集序》，由晋代王羲之以文会友，是对自然的观赏、人生的探究，笔致遒媚劲健，被后世誉为“天下第一行书”。也借由这三个事物印记的精神，与学校师生共勉。

学思园空间规划构想

1.广场区

本区根据使用者进入动线，分别规划为三个不同机能的广场，以营造逐步进入的情境。

①入口广场：建筑量体自入口处向左收缩，并将基地绿化空间集中于规划范围右侧，形成一个以旧有学思园凉亭为主要视觉焦点的入口广场，让使用者在经由狭窄的治平路进入此基地范围后，产生豁然开阔的惊喜。在广场预留适当位置，以利校方未来摆放公共艺术作品。

②表演广场：演讲厅阶梯前利用阶梯高差的便利，规划出一个表演广场，可供学生活动使用。

③植栽广场：入口侧边规划桂竹绿林广场，以强化内外层次差异并塑造空间序列性。

2. 水景区

①滞洪景观水池：在学思园入口凉亭后方设计硬铺面的景观水池，除了可以营造庭园的水阁意象之外，亦可用于本建筑的雨水回收与中水回收，并具有滞洪功能。

②生态池：位于生态溪流的底端，并与滞洪景观池结合为一个完整的水景体系，成为本区开放空间体系的一环。在水池上方设置实木栈道及石板，与生态水池相配合。

3.公园小径与小广场

①活动广场：基地内绿化区域设置绿化公园，除广植乔木、灌木之外亦区分不同活动机能，设有休憩广场与活动广场，以延续学思园既有的活动行为。

②环溪步道：东西向贯穿绿地的次要动线，除了保留理学大楼侧的林木保留区，北侧的白沙流泉区保留了较大的树种，在停车区新种植一排羊蹄甲，创造丰富的视觉层次。

③招鸟引蝶小径：为衔接小径之间的蜿蜒步道，沿途植有引蝶招鸟灌木，并预留适当位置，以利于未来配合学校公共艺术的设置。

逢甲大学学思园景观环境整合规划案

业　　主：逢甲大学
地　　点：台中市西屯区文华路100号
用　　途：提供休憩及生态教育的功能，并鼓励多元活动的发展

景观设计

事 务 所：逢甲大学建筑研究设计中心
主 持 人：黎淑婷
参 与 者：黎淑婷、林幸长、黄馨慧、游少仪
监　　造：逢甲大学总务处——杜方中、彭志峰、高静仪
土　　木：成中恒营造股份有限公司
水　　电：三洋水电工程公司
照　　明：三洋水电工程公司
植　　栽：成中恒营造股份有限公司

施　　工：成中恒营造股份有限公司

材　料

土　　木：钢筋混凝土、水泥、抿石子、钢构、铁木
照　　明：耐压地底投射灯、树投射灯、水底灯、步道景观灯、楼梯嵌灯
植　　栽：凤凰木、大王椰子、羊蹄甲、枫香、南洋杉、桂竹、蒲葵、荷花
铺　　面：石板、高压水泥砖、透水砖、砾石、南方松、草皮

基地面积：10,280平方米

设计时间：2008年1月~2008年8月
施工时间：2008年9月~2009年1月

得奖纪录：第二届台中市都市空间设计“小场域大解构”大奖

国际地标环境艺术创作计划

衍生工程顾问有限公司

1

1 藤编的生命力，与绿地、海天相辉映
左页：摄影／白滂嫣

2 3 5
4 6 7 8

2，3 光线穿过缝隙，以阴影在地上绘出图案
4　友善无障碍的入口设计
5　生命之树
6~8 地面细节

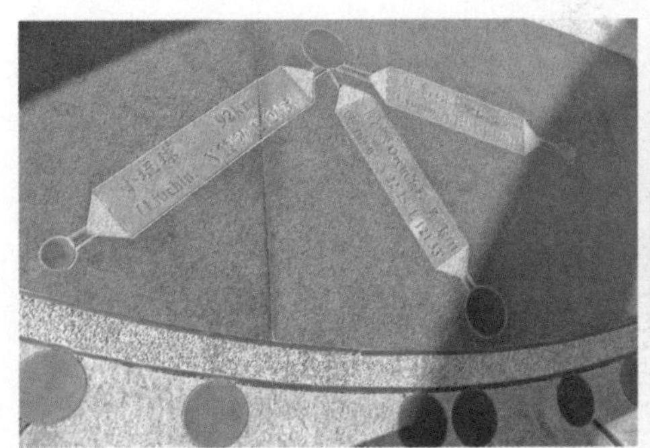

9 圆形平台与篷顶，象征人与自然的和谐关系
10 藤编的线条，如同卷过地面的海浪

1~10 摄影／白滨嫣

国际地标环境艺术创作计划

设计理念

理念1：宝桑滨海 = 舞台台东

创造属于台东的国际舞台，展演台东宝桑文化，细琢生活与文化之间的艺术传承，将台湾生活之美呈现于国际舞台的世界之心。同时也结合体验台东、自然台东、文化台东、展演台东合为四种相辅相成的行销台东的国际舞台。

地标意象：

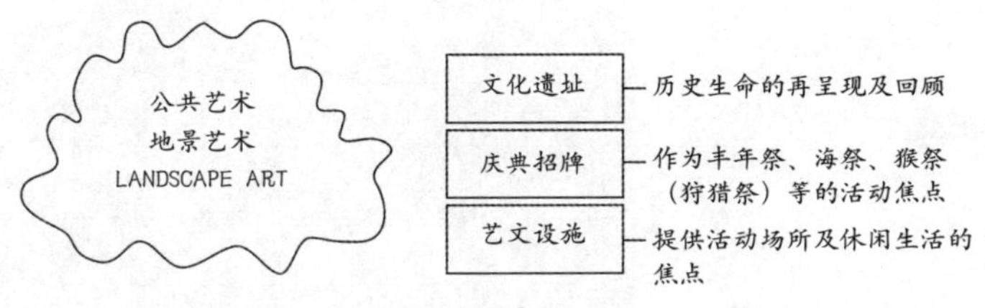

材料的选择：

在材料的选择上，将秉持下列四个理念，以具有实用性的、富有情感的、极具容忍性的材质呈现，并以当地取材为主。

①注重实用性；

②当地取材；

③与生活情感相关联；

④气候的容忍度及可考验度。

理念2：形塑公园代表台湾人文历史地景的场所精神（CULTURAL & HISTORICAL SENSE OF PLACE）

宝桑海滨公园——舞台，使用者——演员，休闲文艺活动——戏码，整体呈现台湾的成长过程及象征景观历史。

现今所见的台湾是自然与文化交互作用的结果，随着时间的流逝，也是综合拼贴的结果。因此其内的每个角落，所看见的人事地物都是史迹的堆积，但是一般人的眼睛不容易看见或阅读这个过程。莎士比亚有句名言说道：“这整个大千世界就是舞台，而人们都是演员。”台湾从板块运动形成岛屿而诞生，提供生物圈基本的“舞台”，随后动物、植物在这个舞台上建立起家园，形成了台湾的自然环境；随着高山族、拓垦文化的进入，带来演员在生活中不断上演的戏码，这个过程造就了台湾宝岛的精彩身世与故事。整体规划理念即是利用户外空间独特的场所来引导人们体验这“舞台、演员、戏码”。

理念3：采用当地素材构筑时间和空间的叠图效果作为展示的基本手法

地景，是随着时间的堆积而逐渐形成的空间，此空间包含了许多元素，如时间、历史、文化及人、事物的变迁。因此，本理念利用地形的变化及步道的格局，让使用者跳脱既有位置、既有角度、既有想象，站在时间轴的历史地图上，清楚地看见时间断面及历史文化的动态。

理念4：“台湾制造”园区设计的表现方式

在设计本质及材料运用上，期望能充分表达出属于台湾的当地精神，因此，在设计机能上，皆以自然、绿能及环保的手法去呈现，并导入观海、听海、闻海、触海、亲海、看海、读海等人与海岸线间的对话，来创造滨海公园的视觉焦点。

设计语汇上，融入富有丰富文化的台湾少数民族历史生活痕迹，呈现出一种与自然的互动设计，结合减量、轻量的概念，形塑出城市文化体系的绿洲中心。

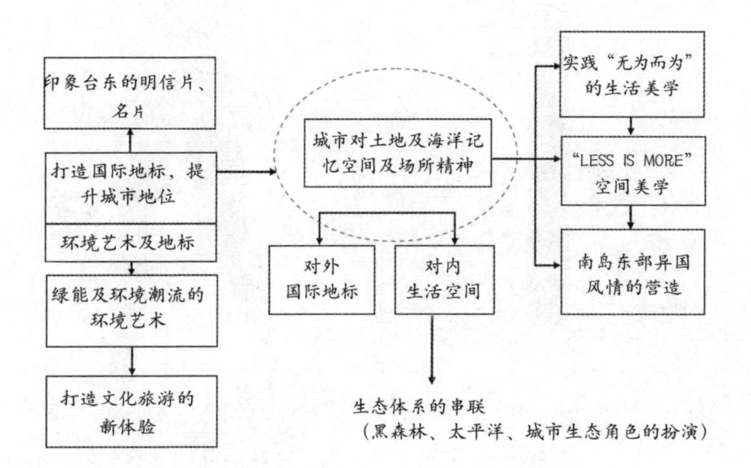

国际地标环境艺术创作计划

业　　主：台东县政府
地　　点：台东市台东海滨公园
用　　途：地标环境艺术创作

景观设计

事 务 所：衍生工程顾问有限公司
主 持 人：李如仪
参 与 者：王文志
监　　造：吴宇龙

基地面积：1.7公顷

设计时间：2010年12月~2011年8月
施工时间：2011年8月~2012年4月

得奖纪录：2013台湾卓越建设奖最佳规划设计类
——特殊建筑类特别奖

富贵三义馆

半亩塘环境整合股份有限公司

1

1 入口

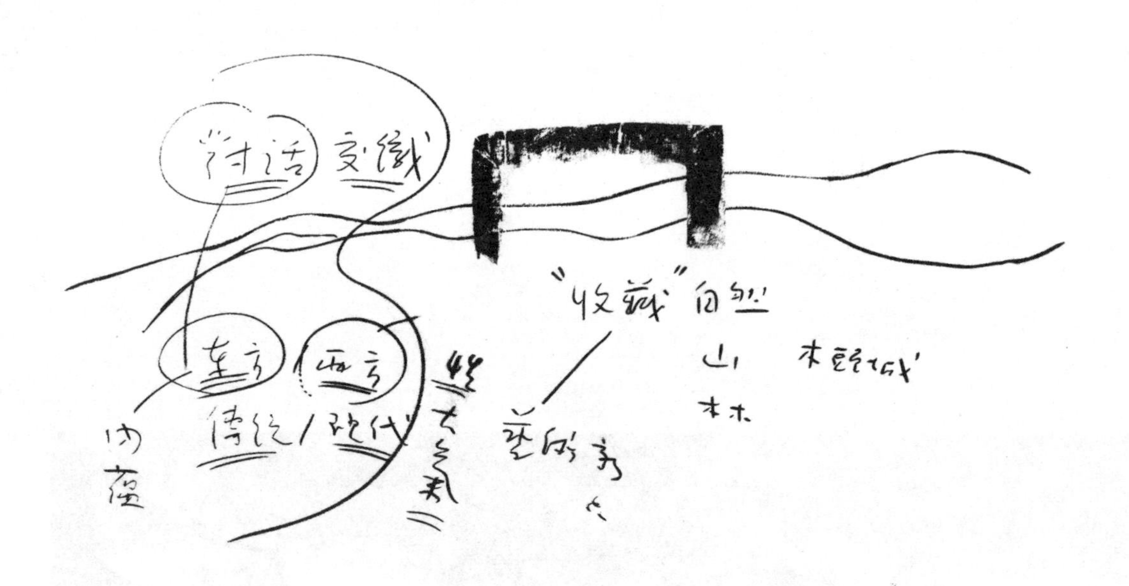

	3	4
2	5	

2 俯瞰
3 镜面水池与半户外展示区
4 建筑量体
5 收藏三义云雾

6 狮面门把
7 景观层
8 景观层小径

缘起于十多年前，处于事业草创期的“富贵陶园”与“半亩塘”，发现彼此对艺术及人文有着相契合的观点，进而开启了“莺歌富贵陶园”的整体规划的合作。相隔多年后再度携手，将建筑空间由艺廊提升到民间美术馆的层次，亦展现各自在艺术与建筑专业领域中的成长。

对于富贵三义馆的设计，期望一座山中美术馆扮演“收藏”的角色，我们反复思索，将其定为建筑的设计理念，同时也思考环境友善的议题，而构思出这美术馆的真正样貌，以“建筑1景观3”的规划比例，将自然与艺术反转为设计思考的中心，建筑物在此化为框架与容器，收藏了自然、人文与艺术。

顺应地形前后近6米的高程差，以及眺望远山的丰富自然景象，一道飘在竹梢上的空桥连接了前后两栋不相连的建筑物，最低点是停车与服务动线层，第二层收藏半亩水塘和一片竹林的内向式景观，以及艺术典藏的空间；最顶层的第三层才是主入口与接待层，也衔接了三义木雕街的人潮动线。然而，主要建筑体都藏于地下，也避开山区冬季的北风，同时建筑表面覆盖大面积的水体与植栽，以及半户外空间的规划，大幅降低使用室内空调的需求。

入口处，一道清水素墙和台湾赤松迎接着来访的客人，沿着素墙，跨过一方大石，安静无边际的水面上，名为“迎风”的铜雕仙子，凌波而立，闭目展臂，徜徉在风中，一派自在，仙子背衬着灰黑粗犷的大石墙，两侧竹梢摇曳，水波映满天光，是自然、艺术和建筑交融的起点，也是漫步这幢美术馆由上渐次往下绕的开始。

穿过绿意与清水墙围塑的文创品展示空间，抬头一株姿态特殊的凤凰木顶着红晕，一道45米长的长桥引领人们前行，无边际水池的尽头是无尽的远山，云雾山岚瞬息万变，在此不禁驻足停留。沿着水面步道往半室内空间继续探索，深色调的由钢材与石材构成的梯间压缩了视觉效果，阶梯末端的光亮让人不禁加速了脚步。

豁然开朗的视野带进满目绿意，整座美术馆是镶嵌在山坡上的石盒，盒内收藏了碧玉，内向式建筑内的景观庭园层，一池碧潭、竹林、巨石盘踞各方，水涧小溪穿梭，碎步漫游其间，步移景异。狮面铸铁门扇后的艺廊典藏空间中，红花梨木柜台呼应着三义木雕城的特色，并与一堵特殊杉木皮清水模镶嵌，成为空间重心。庭园另一角落是一间名为牡丹的餐厅，深色基调的空间压缩访者的目光，运用内外光线的对比，更凸显了落地窗外的绿意。

顺应基地山势，美术馆的功能通过建筑手法的再演绎。炎夏，火红的凤凰雨，点燃秋日山城的焦黄落叶；春日，苦楝紫花落下，唤醒整山桐花开放，随着山城四季流转，建筑所做的便是转化后再呈现自然的美好。

富贵三义馆

业　　主：富贵陶园
地　　点：苗栗县三义乡八股路馆前三巷1-10号
用　　途：私人美术馆

景观设计

事 务 所：半亩塘环境整合股份有限公司

完工日期：2011年11月

慈心华德福之永续校园改造

光＋影建筑师事务所

1

1 让孩子拥有自然、自由、安全的活动场域，是大家的期待与目标

“Flowform”设计概念，学校教师（余若君、余培德）绘制手稿

2~4 凿除原户外平台的大理石铺面，找回自然与人们呼吸的空间

5~7 任何活动都能够在这里自在地进行

8 透水铺面不但使基地保水，且安全不易湿滑
9 校园改造前
10 校园改造后

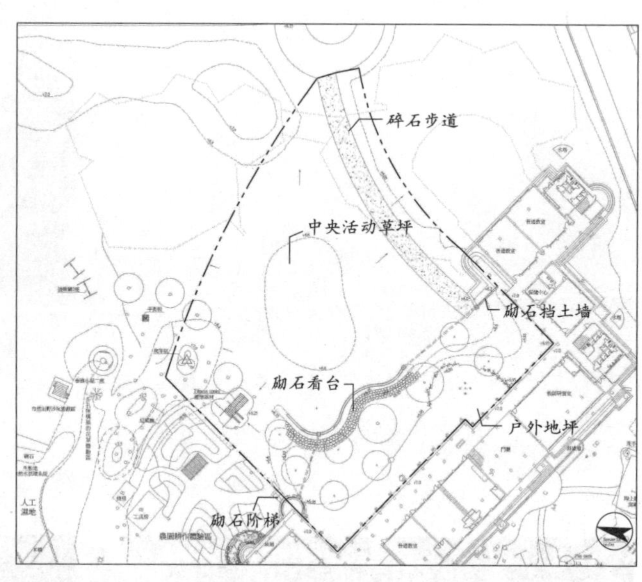

景观配置图

0 5 10 20米

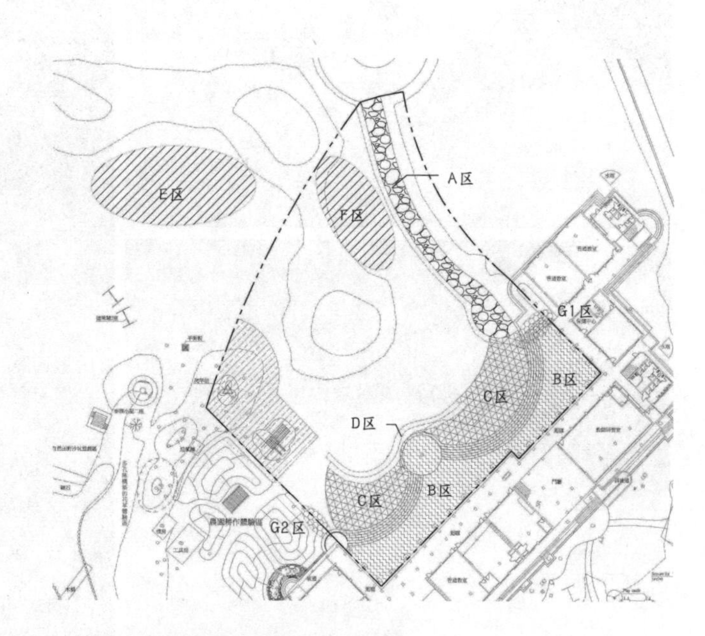

（A区）块石步道凿除范围：
1.堆置于E区草坪上
2.部分铺设于D区作为看台使用
3.部分作为现有无障碍坡道挡土墙使用（G1区）
4.部分作为与农园耕作体验区的阶梯使用（G2区）
5.部分作为A区碎石步道收边使用

（B区）户外地坪、植槽、排水沟凿除范围
废弃物回填至A、B、C及D区底层
作为整地后最底层的级配
（排水沟盖板回收再利用）

（C区）底层回填废土

（D区）使用A区块石依图铺砌作为看台使用

（E区）堆置A区凿除的块石

（F区）表土堆置暂存区
（刨除施工范围内土丘及表土深度约30 厘米）

假设工程图

0 5 10 20米

需要的景观设计（减量设计）

如何让孩子拥有自然、自由、安全的活动场域是大家关切的目标，在与学校、家长的参与讨论后达成共识，提供孩子一个可以奔跑、游戏、打球的户外平台与绿色大草坪。

空间连续性

提供孩子安全、平整、连续的活动场所， 由室内、半户外廊道、户外平台延伸至中央活动草坪， 以“Flowform”为设计概念新铺设透水铺面及绿地缓坡， 改善原先高低错落且不连续又易滑的水泥户外空间。同时达到废弃物再利用、生态绿化及基地保水的校园永续发展。

废弃物再利用

. 原有户外平台大理石铺面凿除碎化作为新设透水铺面的级配层。

. 原有块石步道的废弃块石挖出回收再利用作为中央草坪“砌石看台”及砌石挡土墙和砌石阶梯的材料。

. 刨除施工范围内的表土再利用，作为整地后的粗整地回填土。

生态绿化

拯救原有榕树因覆土过深导致无法呼吸的状况，并且选植台湾原生树种与原有紫藤创造多层次生态绿化空间。

基地保水

宜兰的多雨气候环境经常让孩子在雨停后迫不及待地想跑到户外游戏，因此提供会呼吸的户外地坪就变得非常必要，借由透水铺面的设计不但使基地保水且安全又不易湿滑，并衔接绿地缓坡延续至中央活动草坪而实现基地完全保水。

慈心华德福之永续校园改造

业　　主：宜兰县立慈心华德福教育实验中小学
地　　点：宜兰县冬山乡
用　　途：校园户外平台与中央活动草坪

景观设计

事 务 所：光＋影建筑师事务所
主持建筑师：张弘梓
景观建筑师：黄小玲
参 与 者：张瑜君、吴昱德、张台赐
监　　造：光＋影建筑师事务所
土木、水电、植栽：光＋影建筑师事务所

施　　工：金龙园艺

材　　料

土　　木：砌石看台等（回收材料）、景石、混凝土排水沟（盖板：回收材料）与阴井、透水式排水网管
植　　栽：（原有榕树）、台湾榉木、乌桕、苦楝、乌心石、台湾栾树（原有紫藤）、假俭草坪
铺　　面：仿古砖、踏步石

基地面积：约4022平方米

设计时间：2008年1月~2009年1月
施工时间：2009年2月~2009年5月

枫叶亭酒店温泉SPA景观工程

日商日亚高野景观规划（股）台湾分公司

1

1 大厅

2 墙面细部
3,5 室内温泉
4 走道
6 泡脚区

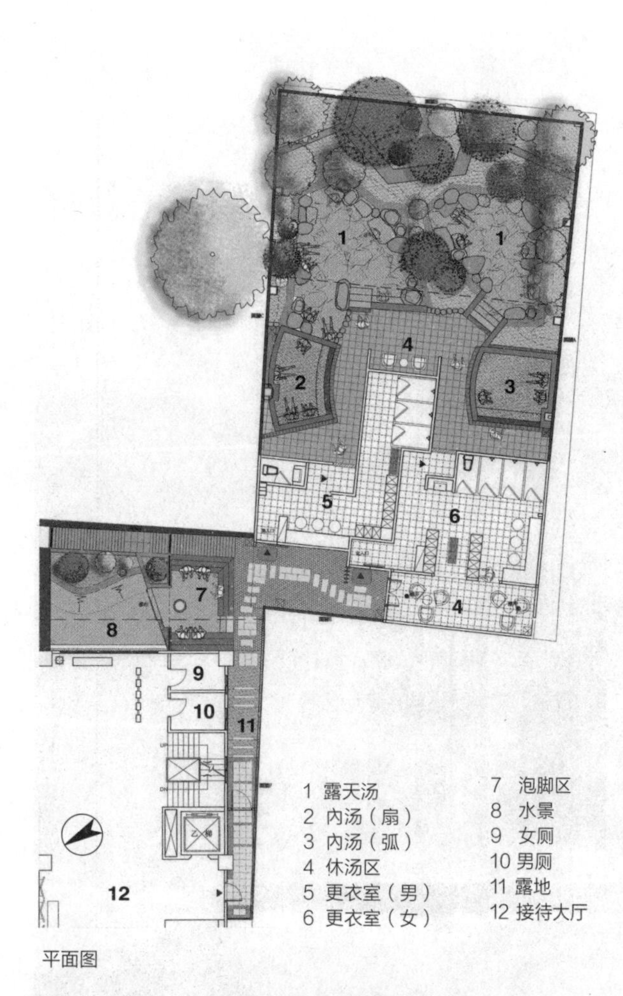

平面图

温泉的魅力

温泉的魅力是什么？

我们认为温泉原型在于露天温泉。露天温泉也有各种各样的类型，大致为以下两类：

自然环绕中的温泉；

眺望雄伟自然的温泉。

我们认为这两个根本的要素是自然和温泉的关系，正是露天温泉魅力的关键。

礁溪的温泉设施越来越多，充满着各种各样的娱乐设施的SPA更增添了魅力。

本案则是以纯粹享受自然和温泉作为目标。

隐庭之汤

本计划是伴随六层建筑的旧温泉饭店的改造工程。

饭店位于礁溪的繁华市街中心，从礁溪车站徒步10分钟可到达，从公交车下车即可到达，交通十分便利。

公众温泉的基地周围被饭店、停车场和民居所包围。周边风景完全不能期待，像陆地的孤岛一样。

开始现场勘查时，根据基地的特性，“离开的庭园中有隐藏的汤”这个关键意象即浮现出来。

塑造与外边完全分开的另一个世界，一个浓厚而细腻的空间是必要的。

不是建造温泉附属的景观，而是首先要有自然庭园，在那里引出温泉的印象。再者，从饭店向温泉区引导的序列和空间的变化也起了非常重要的作用。

希望能尽情舒畅地享受与季节一起变化的这个“隐庭之汤”。

枫叶亭酒店温泉SPA景观工程

业　　主：枫叶亭饭店股份有限公司
地　　点：宜兰县礁溪乡德阳村礁溪路
用　　途：温泉饭店中庭、温泉SPA景观

景观设计

事 务 所：日商日亚高野景观规划（股）台湾分公司
主 持 人：石村敏哉
参 与 者：小林直史
监造、土木：小林直史
照明、植栽：小林直史
水　　电：李恒德泳池三温暖工程

施　　工：枫叶亭饭店股份有限公司

材　料

土　　木：四陵砂岩、铁平石、锈板岩、兰阳卵石、花岗石、陶粒磨石子、黑抿石子
照　　明：照树灯、日式壁灯、立柱壁灯、日式矮灯、小矮灯
植　　栽：青枫、黄枫、红枫、紫微、白鸡油、八重樱、流苏、油茶、杜英、含笑花、山茶花等
铺　　面：铁平石、锈板岩、兰阳卵石、花岗石

基地面积：340平方米

设计时间：2010年12月~2011年8月
施工时间：2011年6月~2011年8月

7 | 8

7，8 露天温泉

台北国际航空站观景台

宜大国际景观科技股份有限公司

1

1　夜晚的观景台（利用了晕光光源提升了环境氛围的舒适度，并加强夜间使用的安全性，且在重点区域规划夜间照明，为人们提供不同的昼夜景观空间体验。）

3

2

2 台北国际航空站LOGO墙（于北侧平台第二航厦墙面设置LOGO墙，利用鲜红的文字与台北重要景点剪影的搭配，创造了空间的视觉焦点，更是游客拍照的好景点。）

3 户外轻食休憩区（一出梯厅就可看见户外轻食区且很贴心地设置了遮阴棚架，并提供座椅，供游客休憩与饮食。）

Shopping
Airport
Business
Coffee
1960-1969
1970-1979
1980-1989
1990-2011
Of Taipei International Airport

4	6
5	7

4，5　观景座阶（阶梯式木作观景座阶可提供最佳的观景角度，同时利用抬高的座阶空间，栽植林荫乔木，适时为人们提供遮阴与绿意。）

6　艺术雕塑座椅（这款国际知名户外家具是由世界级设计师Alexander Lotersztain 所设计的“Twig”系列，曾获多项国际设计大奖。“Twig”的字义为嫩枝，也十分符合松山机场转型为国际商务机场这种老干新枝的实际含义。）

7　夜晚的观景台（利用了晕光光源提升了环境氛围的舒适度，并同时加强夜间使用的安全性，且在重点区域规划夜间照明，为人们提供不同的昼夜景观空间体验。）

计划缘起

为了配合两岸航线以及东北亚、东南亚的包机业务，松山机场将重新整建为商务国际机场。此外由于机场禁建限制，从松山机场通过无障碍的视野往北展望，可欣赏台北市多处重要景点，映入眼帘的有圆山饭店、大直桥、基隆河、大屯山、摩天轮等美景，坐拥如此丰富的景观资源，使松山机场成为市区独一无二的赏景区位，因此将利用这项优势，建置屋顶景观平台，为游客提供更优质的候机空间。

规划设计说明

①以高架地板方式设置木平台，将北侧平台高程抬高约50厘米，缩减两侧平台高差及减缓原建筑楼板衔接坡道斜率至1/18，以满足无障碍通行的需求。

②整体高程排水计划力求不破坏既有屋顶防水，并沿用既有建筑排水系统，以微幅调整高程方式进行广场铺面，加强排水效率。

③植栽区域计划采用加强防水工法，单元植穴加设水密容器，以不锈钢槽底作为植穴底层，兼具防水及防止植栽突根的功效。

④运用减法设计，以设施减量方式在密闭带状空间内营造宽敞的空间，创造舒适赏景空间之余，利用既有屋顶突出物空间与既有墙面设置导览资讯，提供多元教育功能。

⑤采用全面性规划设计并通过各方团队齐心协力的合作，以软硬体兼顾方式从一楼大厅至梯厅空间逐步营造通往观景台的氛围，并经业主积极寻找单位捐款赞助，方能引进国际设计奖的作品为机场画龙点睛，打造有别于一般屋顶花园的国际门户观景台。

环境品质的贡献成效

配合松山机场转型为国际商务机场，提供一处高品质的户外景观展望空间，呈现国际级景观设计水准，以符合台湾门户形象。

规划多功能的休憩空间，除体验近距离飞机地勤作业外，兼具观赏台北盆地都市及自然景观，配合户外餐饮轻食空间，期望能让候机旅客有更优质的旅游体验，并提供另一城市观光景点。

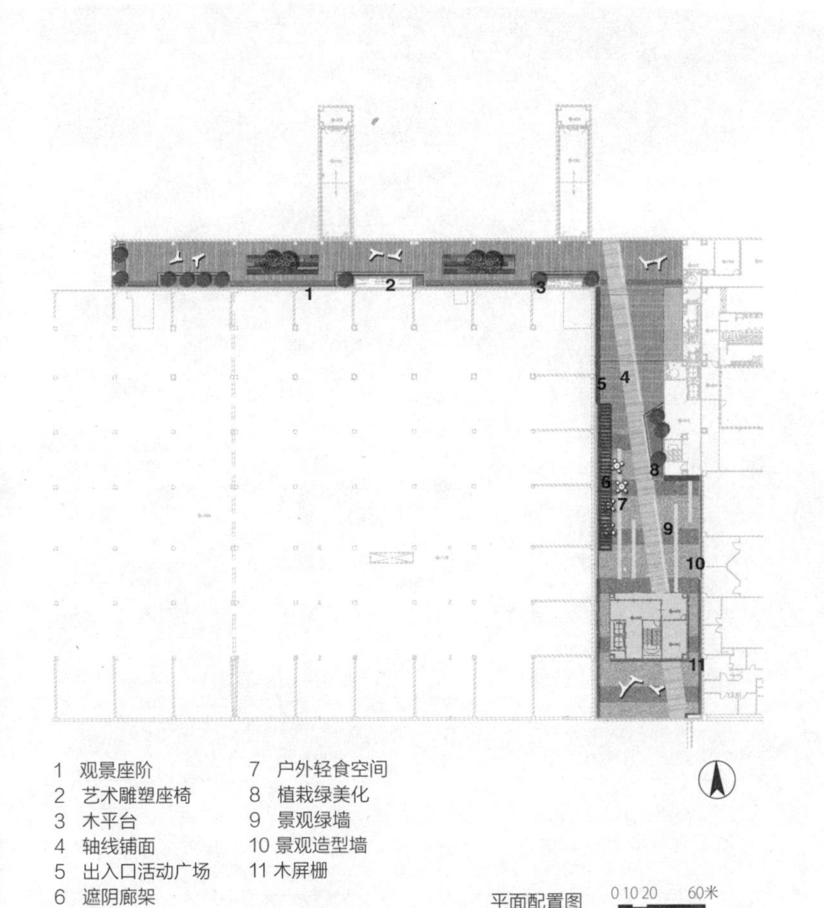

平面配置图

台北国际航空站观景台

业　　主：台北国际航空站
地　　点：台北国际航空站第一、二航厦顶楼平台
用　　途：台北国际航空站观景休憩平台

景观设计

事 务 所：宜大国际景观科技股份有限公司
主 持 人：陈宗旻
参 与 者：蔡坤佑、萧仁纬、赖语弦
监　　造：蔡坤佑
土　　木：宜大国际景观科技股份有限公司
水　　电：宜大国际景观科技股份有限公司
照　　明：宜大国际景观科技股份有限公司
植　　栽：宜大国际景观科技股份有限公司

施　　工：记德营造有限公司

材　　料

土　　木：不锈钢花台、木屏栅、观景座阶、遮阴棚架、植生墙、LOGO墙
照　　明：阶梯嵌灯、树穴灯、造型墙灯、棚架灯、女儿墙条灯、字体背光灯、壁灯、字体背光灯
植　　栽：武竹、吊竹草、黄金葛、彩叶草、合果芋、缅栀、圆叶刺轴榈、细叶观音棕竹、金边虎尾兰、翠绿龙舌兰、亮叶朱蕉、撒金变叶木、虎斑粗肋草、爱玉粗肋草、芙蓉菊、羽裂蔓绿绒（小叶种）、巴西野牡丹、小蚌兰
铺　　面：花岗石、婆罗洲铁木、洗石子

基地面积：1800 平方米

设计时间：2010年11月~2011年3月
施工时间：2011年5月~2011年10月

得奖纪录：2012台北市都市景观大赏——网路最佳人气奖

台北世界贸易中心广场地景设计

伊东丰雄建筑设计事务所 TOYO ITO & ASSOCIATES, ARCHITECTS

1

1 广场俯瞰图

左页：摄影／黄毓莹

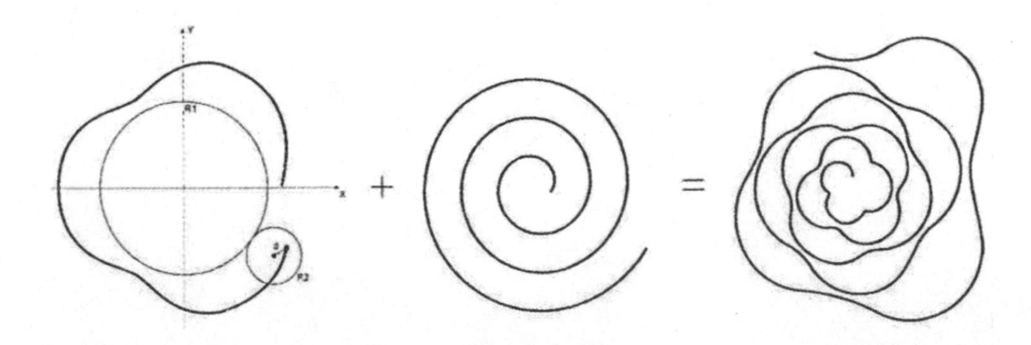

构思过程

2 | 3

2 以圆形与螺旋形的几何形式描绘出类似花卉的图形
3 如同花瓣一般的线条

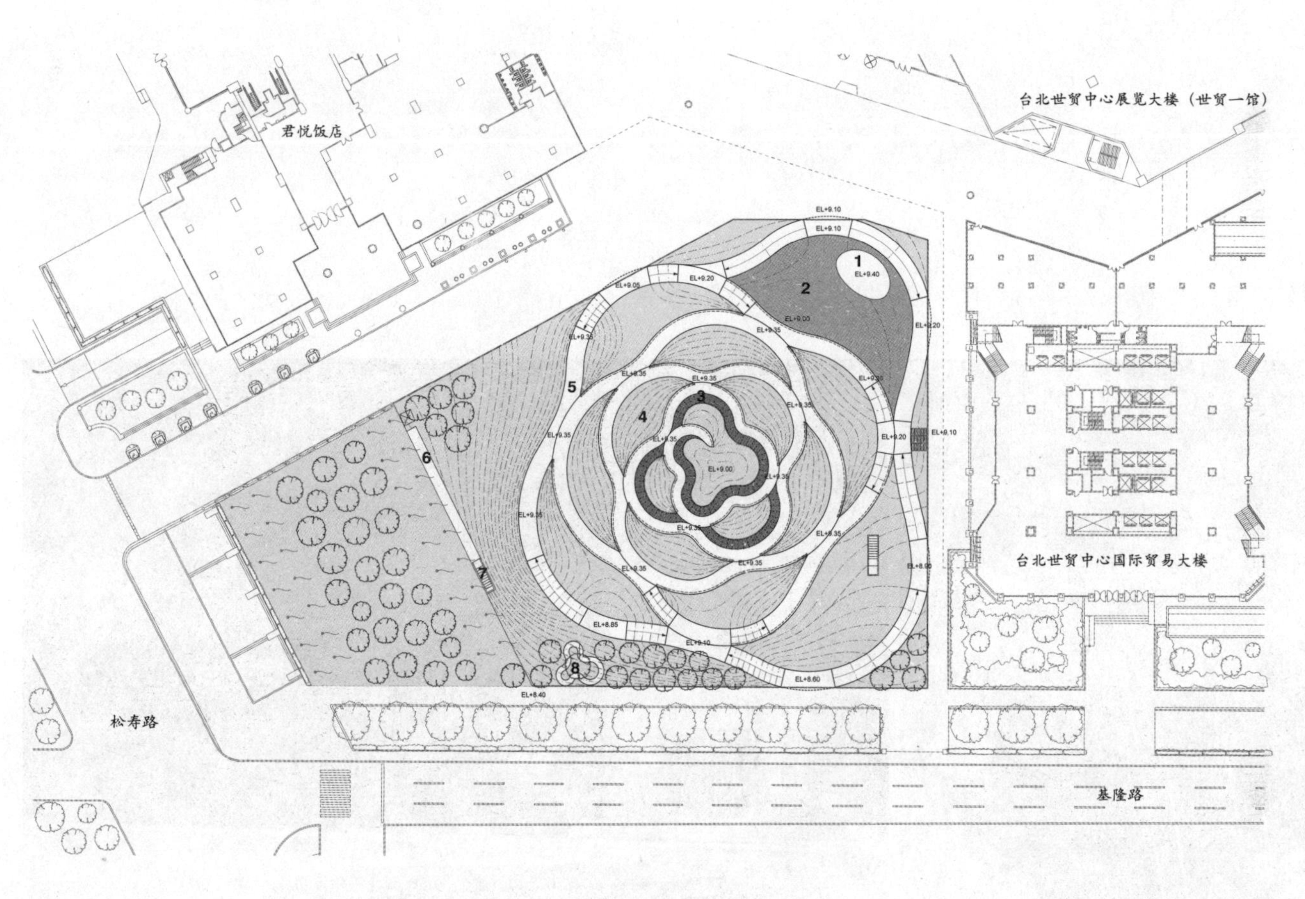

1 表演舞台
2 活动广场
3 水路
4 草皮区
5 散步道
6 排气塔
7 避难安全梯
8 树荫空间

平面图 1：1400

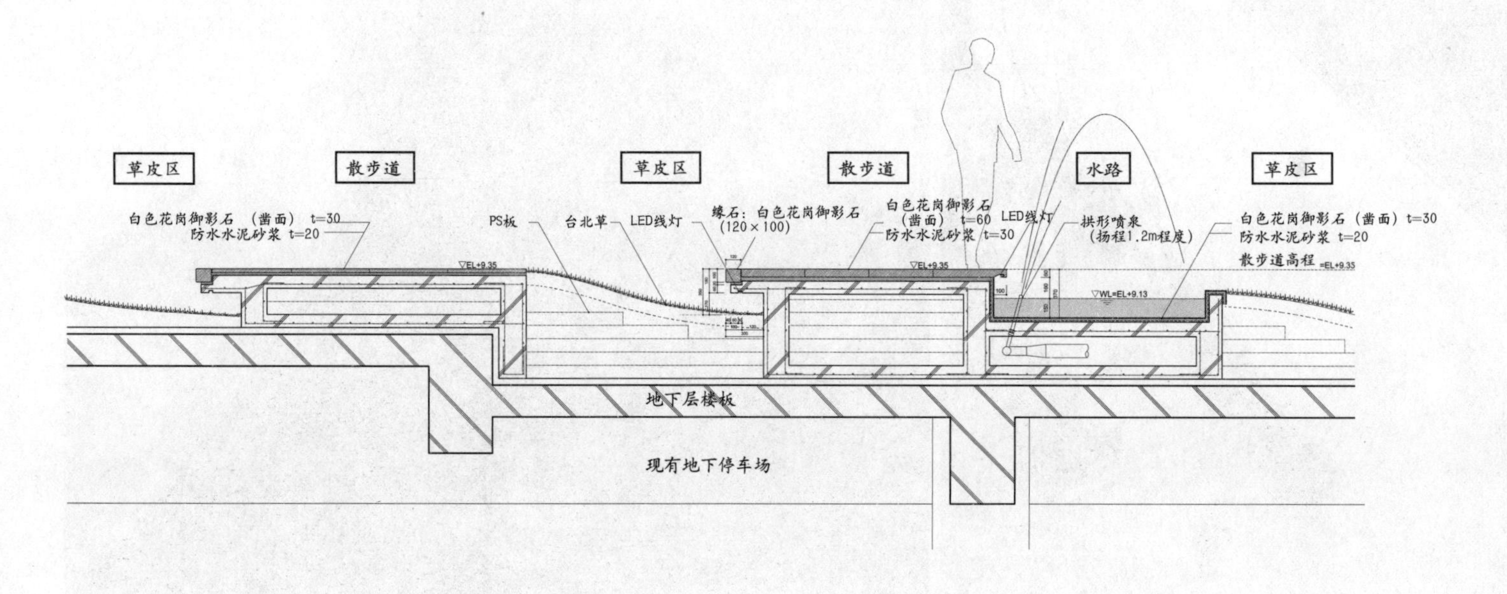

部分剖面详图 1：30

4 | 5
6

4 艺术品般的座椅
5，6 水、绿意、石材相互呼应

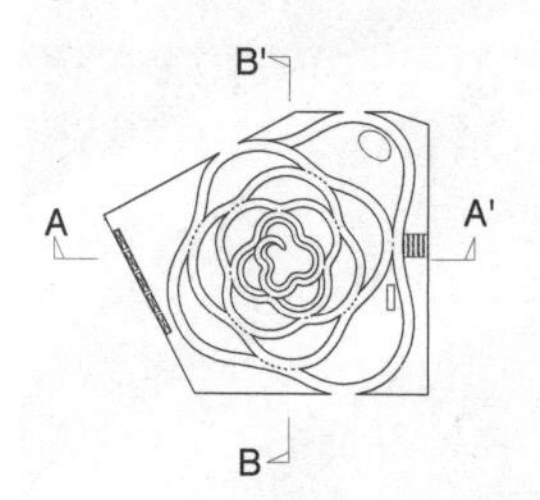

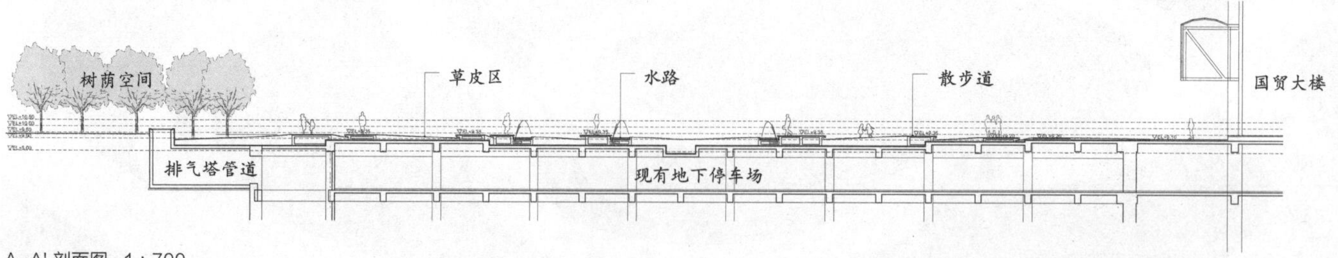

A-A' 剖面图 1：700

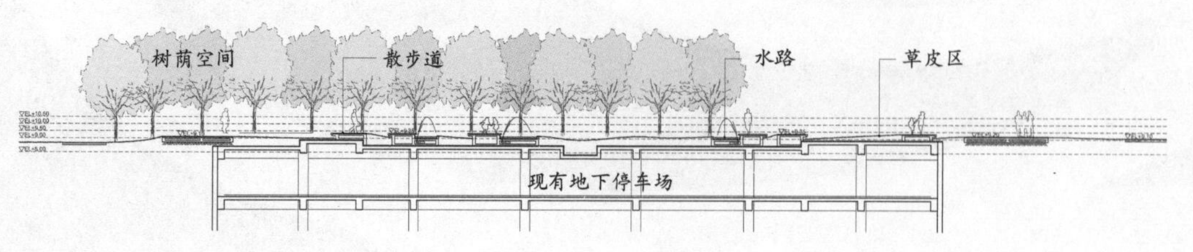

B-B' 剖面图 1：700

这是一个公共广场空间的更新案例。基地面积约有6,760平方米，其坐落在台北市的金融中心，邻近台北市政府以及台北101国际金融中心。基地上现存的广场是于23年前所规划设计的，广场空间甚少有人使用，而仅仅是被当成通行穿越的行人步道。业主希望能借由注入一个新的地景设计来增添广场的活力。

我们的提案是以圆形与螺旋形的几何形式来描绘出一个类似花卉的图案。我们意图为广场改造出各种不同的空间，并由一条连续的人行散步道以及环绕该步道的空间所组成。这条由白色花岗岩铺设的步道全长约670米，宽度则是从中心区域的1.8米逐渐扩张到边际区域的3.3米宽。在广场中心地带，我们设计了一个1.1米高的水景地带来降低夏日艳阳照射下的高温。

被步道所环绕的区域植铺上由台北当地所培育的草皮，并规划有一片活动区域与一个小舞台。而围绕在步道周边我们种植了27株樱花树。长长的白色步道的边缘是自底部结构处抬高了300毫米，并饰有宽120毫米、高100毫米的路沿石。借由创造出步道边缘与绿色草皮地带最高达350毫米的高低差，白色步道不但可以作为人行穿越的通道，亦可以当成行人歇憩的座椅。一串由LED灯所组成的光带则被装置于步道的边缘以及水景地带的底部，一到傍晚，这条柔和的光带便凸显出该广场上螺旋花卉造型的轮廓线。

这片广场现今已经向公众开放。新的广场形象不但象征着持续成长的生命，并可预期其将会变成一个充满活力的市民休憩空间。

（文：大贺淳史／伊东丰雄建筑设计事务所建筑师）

台北世界贸易中心广场地景设计

业　　主：台北国贸大楼公司
地　　点：台北市基隆路一段333号
用　　途：公园

景　　观

事 务 所：伊东丰雄建筑设计事务所
主 持 人：伊东丰雄
户外家具：伊东丰雄建筑设计事务所＋藤江和子ATELIER
照明设计：伊东丰雄建筑设计事务所＋冈安泉照明设计事务所
监　　造：伊东丰雄建筑设计事务所＋大形建筑师事务所

施　　工

建筑、水电：互助营造股份有限公司
户外家具：互助营造股份有限公司＋旭BUILDING–WALL株式会社
景　　观：山水景观工程股份有限公司

材　　料：白色花岗岩、灰色花岗岩、台北草、类地毯、抿石子（黑色）、吉野樱花、山樱花等

基地面积：6759平方米

设计时间：2009年4月~2009年10月
施工时间：2010年8月~2011年3月

7 | 8

7，8 夜景

1，2，6~8 摄影／郑锦铭
3，5 摄影／黄毓莹

漂浮城墙——恒春古城人行桥

德司丹圣国际设计有限公司、张玛龙建筑师事务所、居夏设计王煦中

1

1 基座与桥体高低错落

2
3 | 4

2 桥体横跨操场连接城墙
3 创造遮阴供人们休憩
4 石材基座成为操场看台

空桥西北向立面图

5 新格栅与旧城墙相呼应
6 桥中段成为学校司令台
7 司令台一景

连接历史马道动线

位于屏东县恒春镇内的恒春古城创建于清光绪元年，是全台保存最完整的古城古迹。历经时间洗礼，城墙多处破坏，留下四座尚为完整的城门。近年正积极修复城门及城墙，唯独遭恒春中学操场截断的部分，缺乏恰当手法联系起城墙马道的环城动线。该桥梁坐落在恒春中学校园操场内，旨在联系起校园两侧遭截断的古城墙，使环城动线完整化，并分离游客及学生的活动空间，避免游客环城时干扰校园学生上课。

现地展示文史遗址

该桥梁位置避开了旧城墙的原始位置，以避免破坏可能存在的城墙基座遗址。留待未来开挖城墙基脚遗址，可作为现地历史展示，供游客于桥上俯望。

回应古城纹理材质

该设计的材料试图与古城墙相呼应：桥上部栏杆及遮阳格栅以实木材参考城墙上部砖造城堞尺度，排列出与城堞呼应且又轻巧的穿透效果。基脚处以花岗石块仿古城墙基部砌法，砌成高低台座地景。

创造学童游戏地景

新设的桥体不干扰原始操场的功能使用，甚至进一步让操场变得更有趣味性。原本学校的司令台建于旧城墙遗址带上，此次工程一并清除，还原古迹限建区清爽样貌；而新设的桥体，同时为学校创造了一个崭新的司令台空间。桥体下方高高低低的砌石基座，更提供了一个有趣的地景基底，供校方未来设置后续的地景游具或景观看台。

8

8 西侧遮阳造型

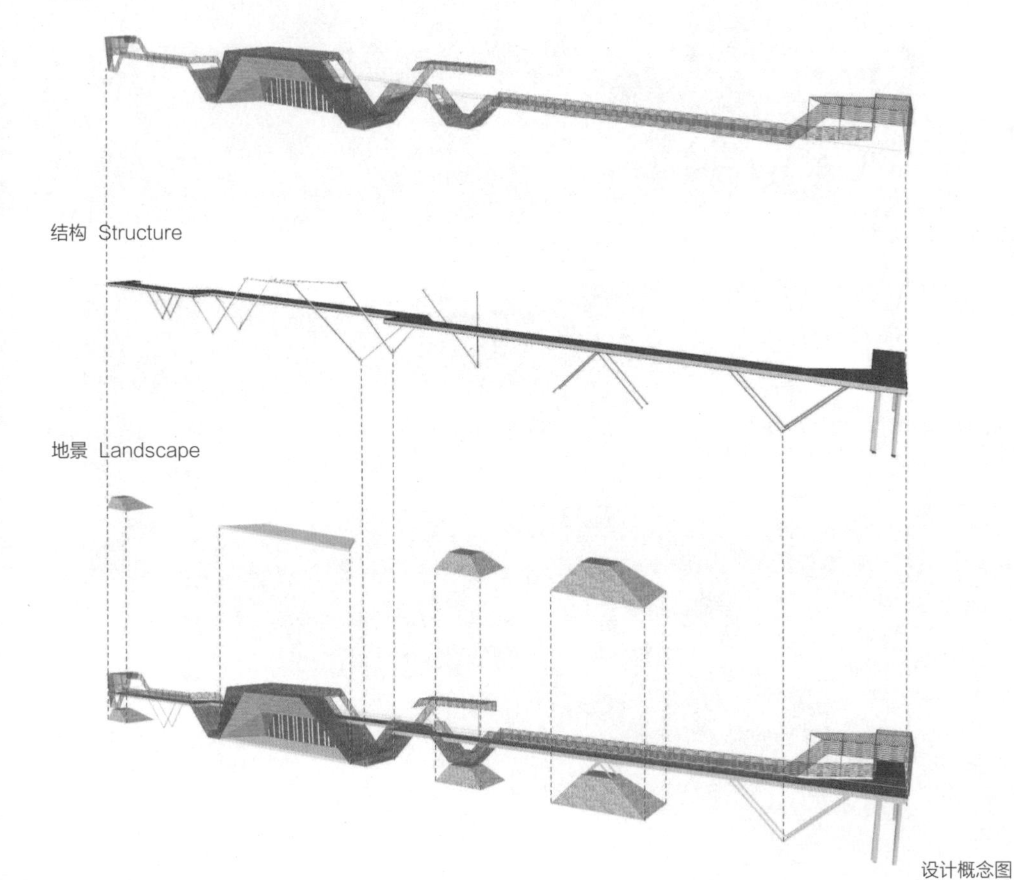

设计概念图

漂浮城墙——恒春古城人行桥

业　　主：屏东县政府
地　　点：屏东县恒春镇恒春中学内
用　　途：人行景观桥

建筑设计

事 务 所：德司丹圣国际设计有限公司
　　　　　张玛龙建筑师事务所
　　　　　居夏设计（王煦中）
主要设计：张玛龙、王煦中
参与设计：郭雅志、黄姿祯
监　　造：李伟诚、郑圣耀
结　　构：王俪燕结构技师事务所

施　　工

建　　筑：纬桥营造有限公司

材　　料：钢构（结构体）、土垠木（栏杆隔栅）、PC板（灯盒外罩）

基地面积：1300平方米

设计时间：2010年5月~2010年12月
施工时间：2011年5月~2012年8月

远雄上林苑

六国景观设计有限公司

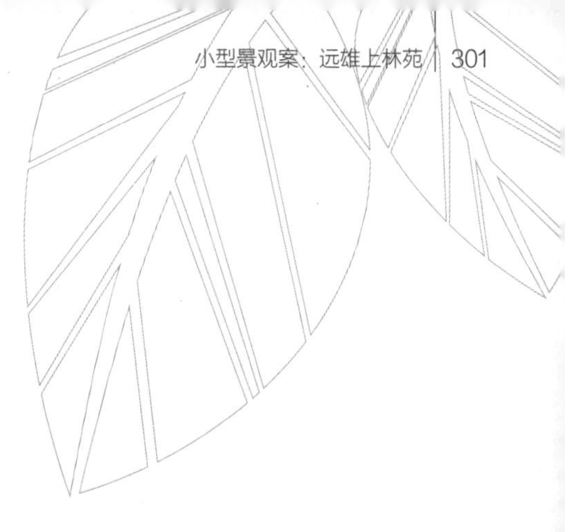

1
2

1 雕塑广场
2 3D模拟中庭一景

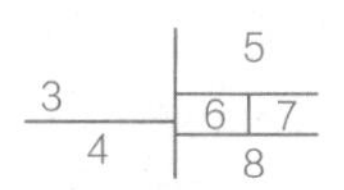

3 3D模拟鸟瞰图
4 3D模拟樱花回廊
5 雕塑广场
6 中庭喷水池
7 雕塑广场喷水池
8 中庭端景

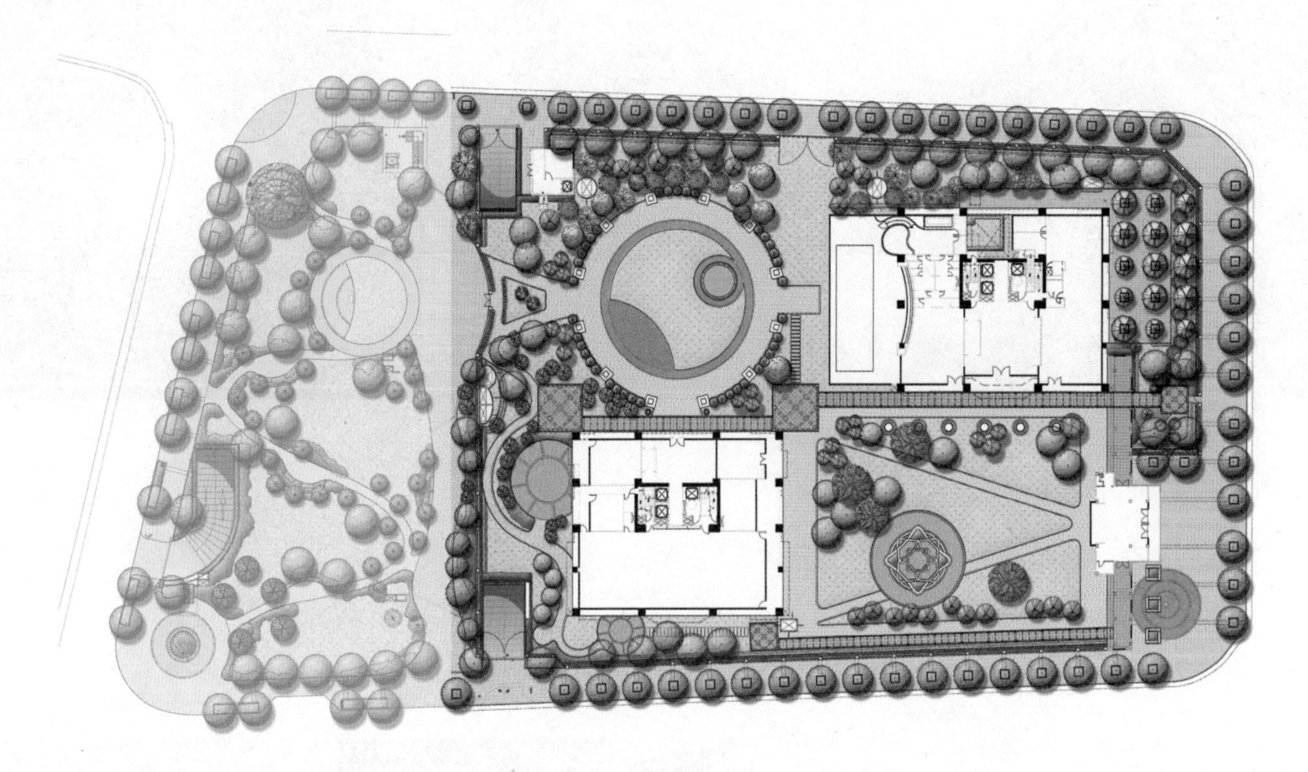

平面图

与自然相邻的养生花园

观物观星： 体悟人生。

舒活筋骨： 体健人生。

观景赏花： 体养人生。

以水景串联自然；

以自然步道串联活动；

以养生植栽串联生命；

这就是：

养生花园的养生之道。

基地位于内湖区环山路，对面为西湖中学与西湖小学，东、西、北有内湖自然保育区山系环绕，南是基隆河，风景秀丽，休憩与自然资源丰富，离西湖捷运站与市场不到10分钟，闹中取静、生活方便。

因为基地位置介于山系与水带之间，设计重点除了结合社区住宅的空间形态并专注于基地内的开放空间外，对周围自然环境亦采取融合的态度，希冀能让本案成为都市绿点，为邻近居民提供高品质的环境空间。植栽选用参考西湖中学和西湖小学校园的原有植栽与之互相搭配，展现对比与韵律，并和邻近建筑及环境呼应，同时改善缺乏植栽美化的现况。

本案空间规划上以“绿”为经，以“圆”为纬，创造空间的气势与融合感。利用前述提到的自然资源，增加地表保水性，促进环境生态平衡。西侧留设4米作为邻里公园与本案之间的人行通道，通过此种方法提供开放空间吸引附近居民来此散步运动与互动交流，使本案的开发朝向生态愉悦宜居都市发展。

入口门厅

为加强社区入口意象，在大门处及中庭草坪区新植樟树，与远方山色连成一线。

中庭美景

整体乔木以樟树为主，凤凰木、小叶榄仁为辅，加上不同质感与树形的罗汉松及肖楠丰富了花园。区域性地点缀花姿娇艳的紫薇、吉野樱，四季皆有变化的青枫、红枫，并列植落羽松于围墙以营造层次感。住户及访客进入迎宾大厅可透过大厅景观窗，看见作为视觉焦点的喷水池。其造型灵感来自中国结，取“团圆如意”之意。

9~12 住户小径

樱花回廊

以社区中庭为起点，顺着回廊至游泳池以雕塑广场为端景，形成视觉串联。住户游走于回廊，感受樱花幽径，享受空间惊艳的趣味性。

雕塑广场

广植红枫、青枫、茄苳等随季节色彩变化的乔木，增加了广场隐蔽性并丰富了欧式庭园的氛围。

交谊厅庭园

交谊厅为接待客人及住户的休闲场所，因此将交谊厅户外营造出花园的景象。在平台侧种植整列丛生型紫薇，使其平行视觉增加丰富感，八重樱、红枫、茶梅等具有四季色彩变化的小乔木带来色彩的变化，再用球型杜鹃及球型金露花作为点缀，增添花园的丰富度。多种开花灌木如杜鹃、矮仙丹、朱槿，以及香花灌木如栀子花等，增添视觉外的感官感受，以期吸引住户来此。

住户小径

利用罗汉松绿篱及整形后的灌木美化小径，作为住户的非主要路径，营造宁静的通廊，从侧院通往儿童游戏区及图书室。

远雄上林苑

业　　主：远雄建设
地　　点：台北市内湖环山路
用　　途：私人住宅

景观设计

事 务 所：六国景观设计有限公司
主 持 人：苏瑞泉
参 与 者：吴东修
监　　造：六国景观设计有限公司
土木、水电、照明、植栽：六国景观设计有限公司

施　　工：禾泽设计工程有限公司

材　料

土　　木：钢筋混凝土
照　　明：步道灯、投射灯、水底灯、景观高灯、车道灯
植　　栽：樟树、凤凰木、小叶榄仁、吉野樱、红枫、青枫、肖楠、桂花
铺　　面：花岗石、杜瓦石、锈石、铁梨木

基地面积：11,598平方米（约3508坪）

设计时间：2007~2008年
完工时间：2009年

台湾工业银行总部大楼

六国景观设计有限公司

1
2

1，2 现代广场

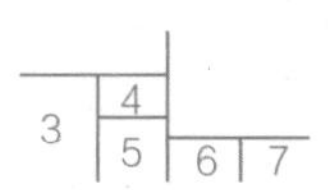

3　朱雀翔舞
4，5 花台细节
6，7 休闲广场与人行通道

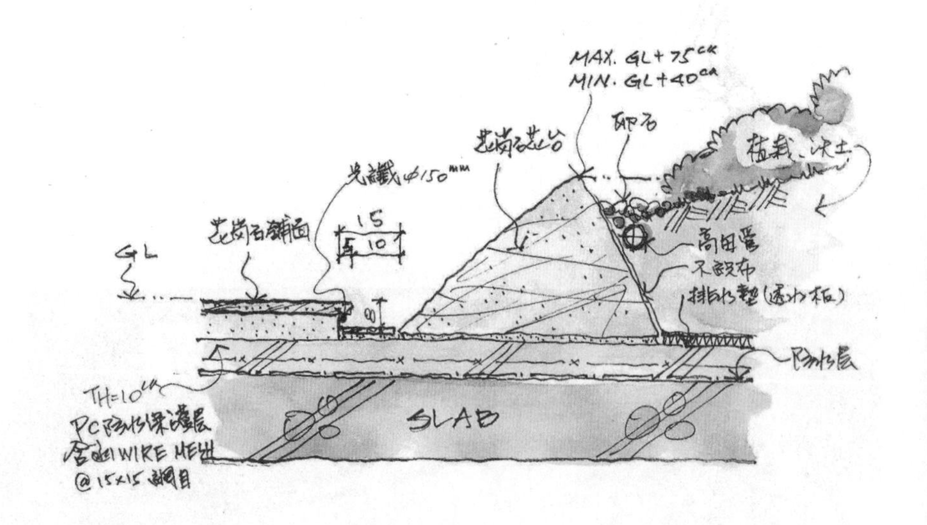

花台剖面图

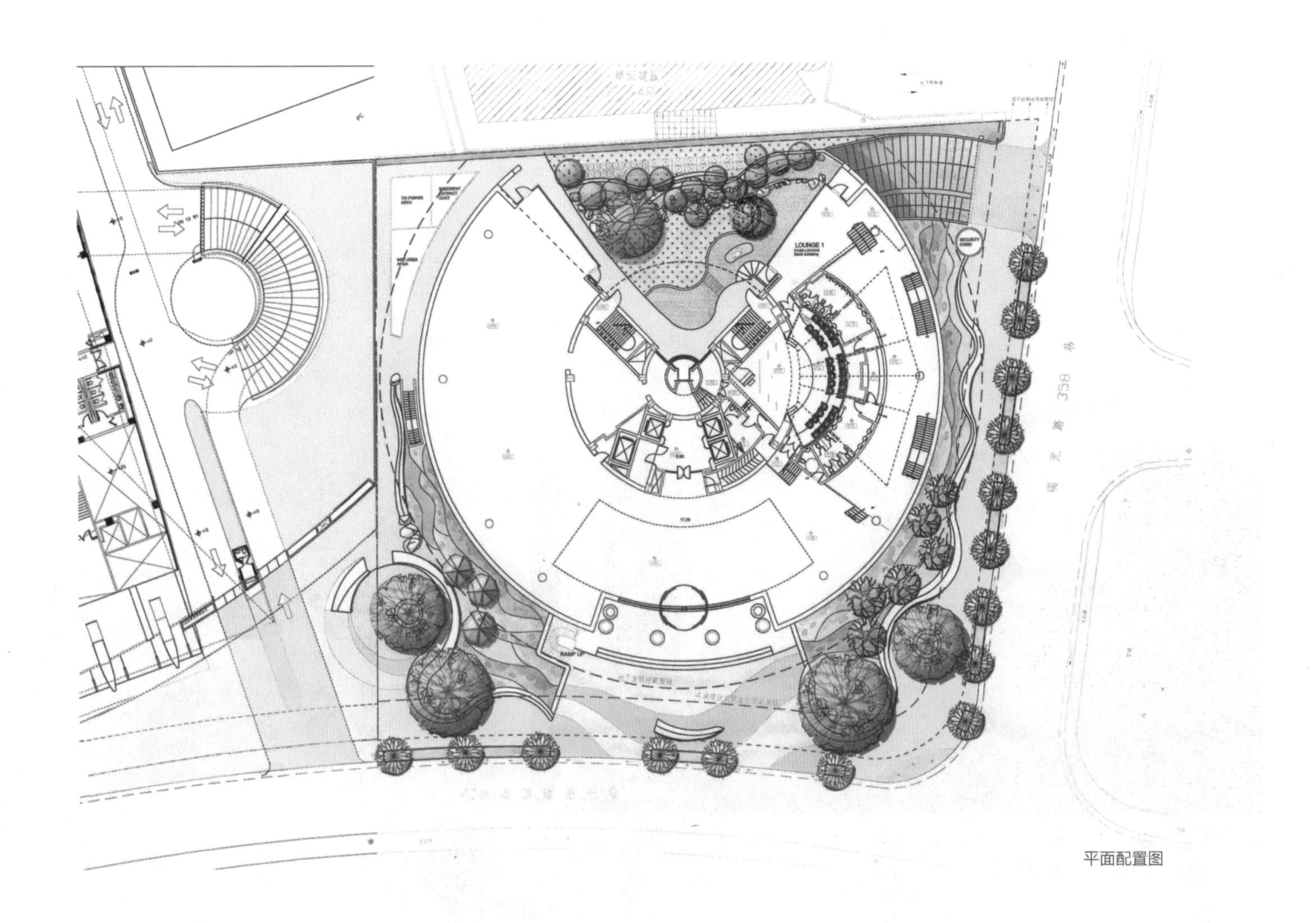

平面配置图

8
9

8，9 中庭广场形塑水绿空间

中庭水池透视图

缘起

与环境共生的都市空间

近年来“生态都市”及“永续性都市规划”逐渐成形，成为国际社会极力推动的政策，亦被视为城市竞争力的重要指标。当都市水泥丛林逐渐取代丰富的自然环境时，人们获得了效率、便捷，却也带来了紧张、烦躁与不安。因此21世纪的设计新思维必须以提升生态为基础，试图重返优美的自然环境，以生命原理来建设新的“生命都市”，展现都市与环境共生的空间。

设计理念

跨时代的经典之作

台湾工业银行总部的兴建对经济、社会等皆有影响，我们期望在文化及生态都市中，具有其时代性及国际都市的地标性，尤其是人性尺度的景观空间，亦能彰显其独特的企业识别。本案特聘由打造知名迪拜帆船酒店的建筑设计师Mr. Kevin Cook精心规划造型独特新颖的优雅圆弧形大楼建筑。而本公司于景观提案中获得青睐，有幸在此与之同台演出。

本案连接户外空间与室内自然空间共同塑造环境共生建筑，形塑具永续性、机能性及文化性的景观，并积极导入绿色建筑及节约能源规划，产生多样机能生活，竭力完成台湾工业银行总部具有划时代意义的经典之作。

设计构想

地景的文化再现

本案建筑概念以“太极”进行构思，建物以圆形进行设计，故景观构想旨在与建筑融合为一，贯穿传统文化精神于基地整体中。全案设计以两仪为阴阳，以“左青龙、右白虎、前朱雀、后玄武”为概念。设计上以清澈水流、道路、高山、平原等景观元素象征四兽盘踞于基地四方，并融以现代生态设计手法建构具有传统文化意境的新兴地景。

设计说明

入口广场——地景雕塑画龙点睛

本案建筑正立面造型象征“前朱雀展翅”，景观于入口处设计为大型广场，以开阔的广场气势配合建筑立面，方便人潮进出活动。曲线波浪造型的艺术花台于此延伸至全区，成为风格独具的地景雕塑，展现具有现代感的设计，于广场中央及左右两侧进行创意设计展现企业由传统走向现代的跨时代经营理念。

在本案广场及艺术花台内的植栽设计以“适地适种”为原则，特别考量基隆河畔地下水位的问题，选用适宜此地生长的原生植物，如九芎、竹柏、山菜豆等，为未来都市打造一个生机盎然的现代景观生态。

中庭广场——形塑都市水绿空间

本案建筑背面以“后玄武俯首”为概念，于立面设计上采用圆弧造型的花台进行设计，于各层楼弧形露台上实行植栽绿化，由高楼如阶梯般层叠向下的植栽栽种，配合生态导水、集水的设计，由立面延伸至地面广场。设计借由现代地景艺术手法，将建筑与景观巧妙地合为一体。中庭广场由景观水池、树荫、草坪等共同构成都市水绿休憩空间，为现代建筑注入亲水自然的活力脉动。

在生态设计上，由各楼设计雨水回收系统，引至各楼浇灌用水，彻底实践绿色建筑的省水概念，并于建筑立面以植栽、滴落的流水打造一堵“会呼吸之绿色墙面”，以调节室内温度，达到节能、绿化的生态成效。

休闲步道——共体都市环境艺术

本案景观特色依循“太极”精神，以造型优美的曲线花台，环绕圆形建筑本体，仿若“左青龙、右白虎”盘踞于建物两侧，由四季变化的植栽，塑造色彩缤纷、花语自然的户外空间。

本案在建筑两侧营造提供自然生息的景观散步道路，此外更在节点处提供中、小型活动使用的休闲广场、街角广场，以多样化的空间设计，打开都市的藩篱，以植栽绿化取代水泥丛林，强化一个与自然亲近、与城市居民共享、融合环境艺术的都市广场空间。

台湾工业银行总部大楼

业　　主：台湾工业银行
地　　点：台北市内湖区
用　　途：办公大楼

景观设计

事 务 所：六国景观设计有限公司
主 持 人：苏瑞泉
参 与 者：黄士恭
监　　造：六国景观设计有限公司
土木、水电、照明、植栽：六国景观设计有限公司

施　　工：六国景观设计有限公司

材　料

土　　木：钢筋混凝土
照　　明：投树灯、水中灯、地嵌灯
植　　栽：大叶山榄、竹柏、墨水树、桂花、无患子、凤眼果
铺　　面：花岗石、板岩、抿石子

基地面积：4137.18平方米

设计时间：2004~2007年
完工时间：2008年

得奖纪录：2009年度台北内湖科技园区绿活力奖——建筑组金奖

微型景观案

生态校园人文西南角之绿色大门
安平港海岸整治工程——马刺型突堤
马太鞍休闲农业区——栈桥与瞭望台

生态校园人文西南角之绿色大门

台北科技大学建筑系

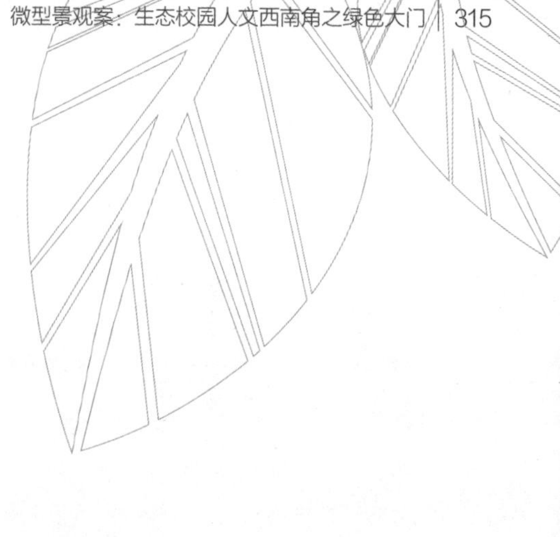

1

1 设计概念

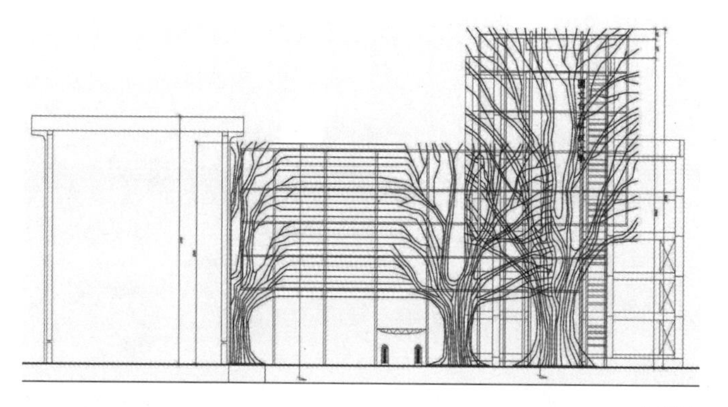

立面图

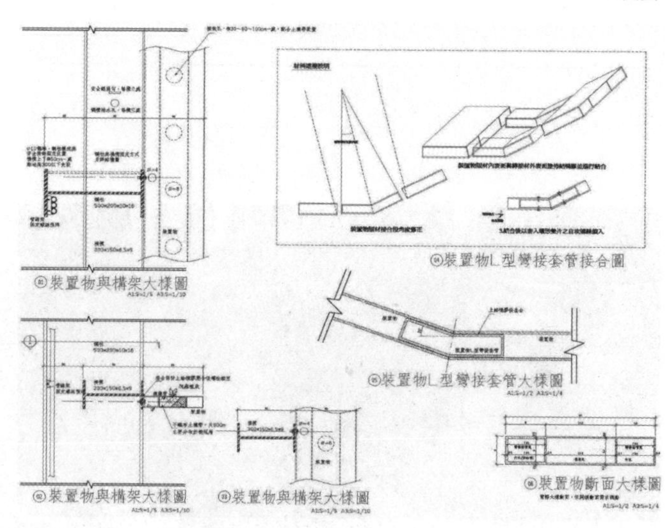

细部

设计概念

2

2 绿色大门

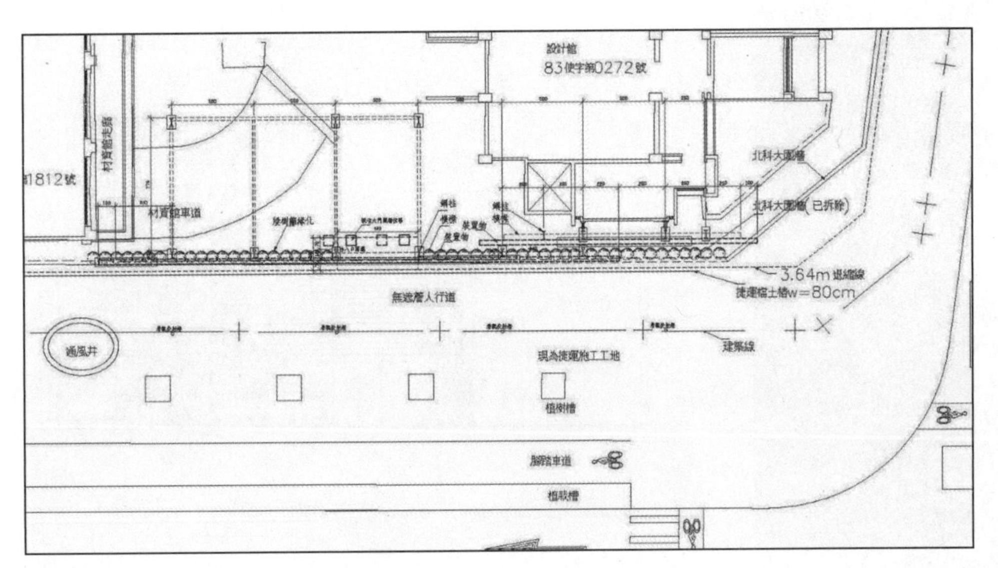

平面图

3
4

3，4 绿色大门下方生态池

设计概念

台北科技大学生态校园强调科技、人文、生态三者的结合。校园西南隅位处忠孝东路与新生南路的街角上，在此人潮穿梭的界面上，将生态绿墙与公共艺术结合成为“绿色大门”，传达台北科技大学生态校园的意象。

①连接校园生态的空间枢纽。

②立竿见影的绿色冲击。

③孕育生态的地景艺术。

④都会与生态的人文门户。

⑤永续生命的四季消长。

⑥参与生态路径的教育初章。

绿色大门空间情境

1.总体空间情境：中心生态感染意树（艺术）

人类是自然的一部分，是感性的生物，每次重新认识自然，便能迅速感悟生命的道理。台北科技大学孕育着科技、人文、生态结合的场域，校内外人潮穿梭于都市与校园的界面上，绿色大门借由代表自然觉醒的生态之树，吸引都市人参与到这个生态校园当中，传达台北科技大学生态校园的意象。

2.耸立街头的自然装置——震撼、新奇、自然的省思

一个共构自然的装置艺术，利用装置艺术的思维，展现回归自然的时代精神。瞬间的出现、巨大的量体、都市的视觉焦点，以诱导的方式引领出人类对自然的感悟，触动心灵深处。

3.都市中的生态构想——人文、生态、科技的思维交集

都市型生态校园所扮演的角色即以人文为中心，如一株幼苗向都市蔓延的生态思想；台北科技大学是汇集生态、人文、科技的场域，将三者于都市中交会，运用人文环境的特质，引导生态环境在都市中重现，互相串联。

绿色大门的效益与价值

壁面绿化具有降低室内温度、改善微气候的功效，还具有节能效果。壁面绿化若加强生态强度，配合都市绿带，连接生态网络，可使都市生态系统成为具有动力的生命体系。

都市开放空间是城市生活的重要指标，本作品重新塑造人与校园、都市环境间的一种共生关系与人文互动，目的即是打开校园封闭的领域，提供一个具有“公共价值”的场所，使空间里各种阶层的人之间互相交流，体验各种环境，提供令人延滞脚步的休憩角落与自然的体验，并提升生态都市、环境意象与环境品质，打造出一种都市生活美学的新风貌。

绿色大门细部设计说明

1.材料说明

生态意树构造形体特殊，因此必须选择相对质轻的结构材料，且材料还必须能抵抗植物根部及有机化合物释放的酸蚀成分。使用桥梁结构的树脂纤维复合材料，其符合质轻、耐酸蚀的特性，且其生命周期长，甚至足以维持100年的时间。

2.植栽计划说明

植物的选择以地锦为主，搭配珊瑚藤、炮仗花及薜荔，利用四种植物不同的生长特性，使其一年四季呈现不同的风貌，同时呈现落叶、开花与绿意，增加物种的辨识度。另外，在物种辨识度高，植物不断开花结果的过程中，将同时提供其他生物大量的食物来源，即能在短时间内快速发展成一个多元而丰富的食物生态链。

3.土壤包结构说明

壁面绿化系统设计中，栽培基质为重要的配合，一般土壤由于重量大，营养及疏水保水能力低，施作于高楼层易压迫植物。基地施作高度约30米，土壤运用不织布包裹混合型人工轻质土壤合成轻质土壤包，包含有机土、泥炭苔、蛭石、珍珠石、发泡炼石、蛇木屑，拌和均匀后装入不织布制成的袋子，再放入造型装置物的中空空间填满。

4.浇灌系统说明

渗水管由橡胶复合材料制成，管壁上布满许多细小弯曲透水的微孔，使用低水压，通过埋入地下或地表，向外渗透，湿润土壤，再借助于土壤的毛细孔作用，将水分、养分扩散到周围的土壤中，供作物根部吸收利用，渗水管在灌溉时就像人体皮肤“冒汗”的功能。其高效的水利用率使土壤之间透气性能好，不会造成土壤板结，不易堵塞，水质无要求，渗透土壤情况呈梯形，一般时间为15分钟，渗透面积为上宽15～20厘米，土壤往下15厘米左右，渗透面达50～60厘米。

生态校园人文西南角之绿色大门

业　　主：台北科技大学
地　　点：台北市大安区新生南路与忠孝东路口
用　　途：都市公共艺术、壁面绿化

景观设计

规划设计单位：台北科技大学建筑系
主 持 人：蔡仁惠教授
参 与 者：刘同诚建筑师事务所、谢青晃建筑师事务所、升阳造景工程有限公司
监　　造：台北科技大学建筑系

施　　工：太允营造股份有限公司

基地面积：地上32.5米绿化景观装置物
建筑面积：24.77平方米

施工时间：2009年11月~2009年12月

得奖纪录：1.2013FIABCI全球卓越建设奖——环境复育类金奖（项目之一）
2.2012台湾卓越建设奖——公共工程与都市空间类卓越奖　（项目之一）
3.2010第九届台北市都市景观大奖——绿色校颜特别奖
4.2010第九届台北市都市景观大奖——网路最佳人气奖

安平港海岸整治工程——马刺型突堤

台湾世曦工程顾问股份有限公司

1
2

1，2 突堤与人工养滩现状

1 衬垫水下铺设
2 滤布铺设
3 挖土机浚挖施工
4 卵石取样
5 块石整平整坡
6 消波块吊排
7 消波块吊排完成编号
8 堤头方块吊排
9 堤头圆心模板组立
10 堤面浆砌“E”块石抹平勾缝

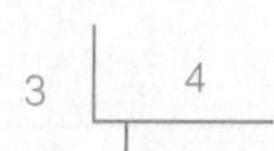

3 施工记录
4 马刺型突堤空拍图（摄影／李扬声）

计划内容

本计划主要分为两个工程项目，分别为海岸整治工程及生态工程。海岸整治工程的南、北马刺型突堤共长710米，水深1.0~4.0米。本计划利用南、北马刺型突堤工程达到人工养滩的目的，为顾及景观视野及游憩需求，该构造采用抛石堤结构，堤址水深位于4米以内。生态工程主要为生态潜礁三处。考量未来此区将成为生态展示区，利用南、北马刺型突堤堤头设计成生态潜礁，可充分提供海中生物聚集栖息的场所及海藻群落生成的良好环境。而南堤生态潜礁的布设，将使鱼类栖息的环境增加，有助于渔获量的增加，另北马刺型突堤陆侧区域规划为亲水游憩景观区，供人们在该区进行活动。

施工部分

本计划的施工，须先完成临时施工道路及消波块制作、石料堆置的场地设置，然后才可进行主体工程施工，衬垫铺设，“a”卵石抛放，“B”“D”块石采抛整平，A方块吊排，“E”块石采抛整平，8吨、15吨消波块吊排，场铸混凝土浇置等作业。

（资料提供：台湾港务公司高雄分公司）

安平港海岸整治工程——马刺型突堤

设计单位：台湾世曦工程顾问股份有限公司
监造单位：台湾世曦工程顾问股份有限公司
施工单位：德昌营造股份有限公司

马太鞍休闲农业区——栈桥与瞭望台

花莲县光复乡公所农观课

1	2
3	4

1 巴拉告
2 鹊楼与瞭望台
3 巴拉告、鹊楼与瞭望台
4 木栈道

左页：摄影／叶庆源

5 巴拉告、鹊楼与瞭望台
6 巴拉告近照
7 湿地的早晨
8 鹊楼与瞭望台

1~5, 7, 8 摄影／叶庆源
6 摄影／陈博彦

本案为1989年由花莲县政府主导，规划营造马太鞍休闲农业区时期，耗资400万元兴建的设施，采取阿美人部落意象“眺望塔”进行设计，取名为情人桥，目前，横跨在芙登溪上的鹊楼仍屹立如初，成为前来湿地观光旅客必游的景观地标。

马太鞍湿地有规划完善的铁马车道，北由大华街（台9线250K）右转进入湿地，不论走中央产业道路贯穿湿地，或越过平交道即左转沿铁道南行，或直达环山道路绕行一周，都可以在南端的大全桥由台9线出去，连通光复糖厂游憩园区。

马太鞍湿地位处中央山脉东麓，因为地势高，易守难攻，自古以来，固守着马太鞍的部落享有安稳的地位，也是阿美人部落重要的文化发源地。湿地因水源充足，生态环境优越，除了铁马车道自由行之外，每年4~8月的赏萤活动、7~8月的荷花季、水生植物探索等，都依季节而有不同的旅游规划行程在社区里进行。尤其要特别推荐的是阿美人特有的“巴拉告”捕鱼法，以及“吃了胃都会微笑”的阿美人特色餐。

马太鞍休闲农业区——栈桥与瞭望台

业　　主：欣绿农园
地　　点：花莲县光复乡大全村大全街60号
用　　途：景观瞭望之用

图书在版编目（CIP）数据

寻找地景 ：地域性文化景观设计实践 / 凤凰空间·天津编. -- 南京 ：江苏凤凰科学技术出版社，2016.5
ISBN 978-7-5537-6169-5

Ⅰ. ①寻… Ⅱ. ①凤… Ⅲ. ①景观设计－图集 Ⅳ. ①TU986.2-64

中国版本图书馆CIP数据核字(2016)第035085号

寻找地景——地域性文化景观设计实践

编　　者　凤凰空间·天津
项目策划　凤凰空间／高雅婷
责任编辑　刘屹立
特约编辑　陈丽新

出版发行　凤凰出版传媒股份有限公司
　　　　　江苏凤凰科学技术出版社
出版社地址　南京市湖南路1号A楼，邮编：210009
出版社网址　http://www.pspress.cn
总　　经　销　天津凤凰空间文化传媒有限公司
总经销网址　http://www.ifengspace.cn
经　　销　全国新华书店
印　　刷　利丰雅高印刷（深圳）有限公司

开　　本　965 mm×1 270 mm　1／16
印　　张　20.5
字　　数　328 000
版　　次　2016年5月第1版
印　　次　2023年3月第2次印刷

标准书号　ISBN 978-7-5537-6169-5
定　　价　328.00元

图书如有印装质量问题，可随时向销售部调换（电话：022-87893668）。